옥타브로 배우는 인공지능을 위한 기초수학

이규봉 지음

KM 경문사

머 리 말

1997년, IBM의 딥블루가 세계 체스 챔피언인 카스파로프를 이겼을 때는 남의 나라 일이거니 하며 큰 관심을 두지 않았다. 그러나 2016년 바둑의 명인 이세돌이 인공지능이라는 딥러닝에게 바둑경기에서 패하면서 굉장한 사회적 이슈가 되어 '인공지능'과 '딥러닝'이란 용어가 매우 많이 퍼졌고 또한 익숙해졌다.

'인공지능' 또는 '딥러닝'이란 단어가 들어간 책을 검색하여 1년 내내 읽고 공부했다. 인공지능이란 말을 처음 한 사람은 영국의 화폐에 그 얼굴이 있는 수학자 앨런 튜링이다. 그는 제2차 세계대전에서 독일의 암호를 해독해 연합국이 전쟁의 승리를 하는데 중요한 역할을 하였다. 전쟁이 끝난 후 튜링은 암호를 빨리 해독할 수 있는 기계를 생각하게 되었다. 암호해독에 있어 가장 중요한 것은 시간이었기 때문이다. 그러면서 '컴퓨터가 사람처럼 생각을 할 수 있을까?' 하며 만든 가설이 '튜링 테스트'이다. 이는 사람이 질문을 하고 기계와 사람이 대답을 하는데 어느 대답이 기계가 한 것인지 사람이 한 것인지 구분하기 어렵다면 그 기계는 사람처럼 행동할 수 있는 인공지능을 갖고 있다고 생각한 것이다.

인공지능 분야는 한마디로 아주 잘 예측하고, 또는 대답하고, 또는 행동하는 것이다. 무엇을 갖고 예측하고 대답하고 행동하는가? 그것은 과거의 또는 쌓인 데이터이다. 과거의 데이터는 개인에 빗대어 보면 의식적이든 아니든 자신이 저지른 반응 또는 행동이 수집되어서 모두 디지털화되어 저장되어 있는 것이다. 이러한 과거의 데이터에 기반하여 미래를 예측하는데 잘 맞지 않는 경우 피드백을 받아 다시 개선된 예측을 한다. 데이터가 많을수록 예측은 정확해진다. 그래서 인공지능에서는 신빙성 있는 데이터가 매우 중요하다. 데이터가 엉터리이면 그 결과 역시 엉터리가 된다. 그럼에도 데이터가 잘못된 것이라는 것을 속이고 마치 진실인 양 그 결과를 사용하면 큰 문제가 발생한다. 과거의 데이터로 미래를 예측하는 데 수학이 사용되며, 특히 수치해석학은 수학 문제를 컴퓨터로 계산하게 하는 데 필요한 알고리즘을 개발하는 분야로 인공지능에 잘 응용될 수 있다.

인공지능을 현실에 적용하기 위해서는 컴퓨터가 알아들을 수 있는 효과적인 프로그래밍 언어가 필요하고, 이에 필요한 수학 문제나 과정을 프로그래밍하기 위해서는 알고리즘이 필요하다. 보다 정확한 결과를 얻기 위해서는 엄청나게 많은 사전 데이터가 필요한데 이것을 '빅데이터'라고 부른다. 무궁무진한 인터넷 검색과 컴퓨터 이용으로 관련 데이터는 엄청 많아졌고 앞으로도 계속 생길 것이다. 현재의 이런 빅데이터에 나중에 생긴 데이터를 피드백하여 사람이 정해주지 않아도 컴퓨터가 스스로 경험 또는 학습을 통해 점차 정확도가 높아질 수 있는 알고리즘인 머신러닝이 개발되었다. 또한 이런 빅데이터를 저장하고 빅데이터의 연산을 매우 빠르게 계산할 수 있는 성능 좋은 컴퓨터 하드웨어도 개발되고, 가격도 저렴해짐에 따라 클라우드 서비스로 싸게 데이터를 저장할 수 있게 되어 응용이 현실화되었다. 즉 인공지능은 '수학과 알고리즘',

'빅데이터와 프로그램밍 언어' 그리고 '우수한 성능의 컴퓨터 하드웨어' 세 분야가 일체가 되어 그 가치를 발휘하게 되었다.

'빅데이터'와 '우수한 성능의 컴퓨터 하드웨어'는 한때 사양의 길로 들어섰던 인공지능을 되살아나게 했다. 이로 인해 기계가 사람 수준의 영상을 분류하고 음성을 인식하고 또한 손으로 쓴 글씨도 인식하게 되었다. 그뿐 아니라 글자를 음성으로 변환하고 음성을 글자로 변환하는 것도 가능해졌다. 또한 여러 가지 돌발적인 사태에 가장 현명한 선택을 해야 하는 자동차의 자율주행도 점차 가능해지고, 무언가 찾고 싶을 때 아주 빠른 속도로 관련된 것을 찾아주는 검색 엔진도 크게 발전하였다. 이러한 빅데이터를 사용하려면 컴퓨터가 읽을 수 있게 잘 정리되어야 한다. 그러나 현실에서 발생하는 대부분의 데이터는 바로 사용할 수 있도록 잘 정돈되어 있지 않다. 따라서 인공지능의 대부분은 마구잡이로 수집된 데이터를 가공하고 처리하여 잘 정리하는데 많은 시간과 인력이 필요하다.

잘 정리 정돈된 빅데이터의 분석을 통해 인공지능은 개개인의 성향을 파악할 수 있으며 그가 무엇을 원하는지 추측이 충분한 오차 범위 이내로 가능해진다. 이어지는 데이터가 계속 활용되면서 인공지능이라는 알고리즘은 점점 더 그 오차의 범위를 줄일 수 있어 심지어 자신의 생각과 아주 비슷하게 예측할 수 있다. 이러한 예측은 처음에는 놀랍고 긍정적인 면으로 생각하지만 우리 자신은 온라인에서 완전히 발가벗겨져 인간 개체로서의 존엄성이 훼손되고 현실세계에서 정보를 장악한 누군가에 의해 조종될 수 있어 조지 오웰의 소설 《1984》에서 나오는 '빅브라더(Big Brother)'를 맞이하는 부작용이 충분히 생길 수도 있다.

그뿐 아니다. 동영상을 보여주는 유튜브의 출현으로 필요한 여러 정보를 영상으로 획득할 수 있게 되었다. 몇 건을 접속하다 보면 필요한 것만 알아서 제시해주는 것에 놀란 기억이 있을 것이다. 유튜브뿐 아니라 친구를 잘 찾아주는 페이스북, 광고를 제때에 잘 보여주는 구글, 음원을 찾아주는 멜론이나 스포티파이 등, 이는 개인의 소비 패턴과 누적 기록을 분석하여 개별 취향에 맞는 콘텐츠를 소비하도록 하는 것이다. 이러한 제시가 긍정적인 효과를 줄 수도 있지만 이는 자신이 좋아하는 것만 보게 되어 마치 자신을 우물 안에 가두는 부정적인 효과를 발생할 수도 있다. 왜냐하면 자신의 관심 대상 밖의 것을 그만큼 접하기 어려워 폭넓은 생각을 하지 못해 생각이 좁아지기 때문이다.

과거의 전통적인 알고리즘은 사람이 입력을 주면 결과를 주었다. 이것을 규칙에 기반한 알고리즘이라 하여 인간이 사용하는 명령에 대해서만 효과를 발휘했다. 그러나 요즈음 인공지능이란 분야에서 사용하는 기계학습 알고리즘은 경험에 기반한 알고리즘으로 학습을 통한 경험을 피드백으로 제공받는 등 스스로 학습하여 입력을 개선해 더 좋은 결과를 얻는다. 즉 점점 똑똑해지는 것이다. 그래서 인공지능이라는 단어가 의미를 가진다.

이 책에서는 이러한 인공지능에 관심을 갖고 공부하고자 하나 전혀 기초가 없는 학생을 위하여 한 학기에 걸쳐 할 수 있는 인공지능에 매우 필요한 기초적인 수학과 알고리즘을 맛보기로 소개하고자 한다. 그리고 이를 컴퓨터에서 다룰 개방형 프로그래밍 언어로는 '옥타브'를 사용한다. 왜냐하면 '옥타브'는 기존 상용 프로그램인 '매트랩'과 거의 같은 프로그램으로 다루기가 매우 편리할 뿐 아니라 무료로 사용할 수 있기 때문이다. 좀 더 인공지능에 흥미를 느끼면 '파이선(Python)'이나 'R'과 같은 개방형 프로그램을 이용할 것을 권장한다.

다루고자 하는 수학 분야는 선형대수학에서 행렬방정식과 행렬식, 그리고 고유치방정식과 선형변환을 다룬다. 또한 여러 개의 독립변수를 갖고 있는 다변수함수에 관련된 기초적인 지식과 다변수함수의 미분에 관한 기초적인 개념을 다루며 아울러 기초적인 확률과 통계를 다룬다. 또한 수학 문제의 수치적 해법인 알고리즘으로 최적의 해를 구하는 최소제곱법과 경사하강법을 소개한다.

이 책에서는 수학에서 늘 사용하는 '정의'와 '정리' 그리고 '예제'라는 단어를 사용한다. 정의란 약속이란 의미이고, 정리란 어떠한 가정 아래에서 나온 결과를 뜻한다. 그리고 예제란 정리의 실제적인 보기에 해당한다. 수학을 잘 하기 위해서는 반드시 정의를 정확히 따라야 한다. 마치 약속을 반드시 지켜야 신용 있는 사람이 되는 것처럼.

이 책의 내용과 범위는 일반대학에서 15주 한 학기에 충분히 다룰 수 있을 정도로 매우 제한적이며 기초적이다. 그러므로 이 정도의 지식을 충분히 이해하고 좀 더 인공지능에 관심을 갖고 공부하고 싶다면 다음과 같은 수학 분야와 프로그래밍 언어를 좀 더 깊이 공부할 것을 권장한다.

미분적분학, 선형대수학, 수치해석학, 확률과 통계, 파이선, R

끝으로 이 책을 쓰도록 독려해주신 AI·SW 중심대학 사업단 관계자와 원고를 꼼꼼히 살펴준 강미경 교수님께 감사드립니다.

노은동 又松齋에서 이규봉
gblee@pcu.ac.kr

차 례

1 옥타브 사용하기

2 선형대수

3 함수와 수열

4 미분

5 확률과 통계

6 최소제곱법과 경사하강법

7 인공지능

연습문제 해답

옥타브로 배우는 인공지능을 위한 기초수학

1 옥타브 사용하기

이 책에서는 인공지능에 매우 필요한 기초적인 수학과 알고리즘를 소개한다. 그리고 이를 컴퓨터에서 다룰 개방형 프로그래밍 언어로 '옥타브'를 사용한다. 왜냐하면 '옥타브'는 기존 상용 프로그램인 '매트랩'과 거의 같은 프로그램으로 다루기가 매우 편리할 뿐 아니라 무료로 사용할 수 있기 때문이다. 좀 더 인공지능에 흥미를 느끼면 '파이선'이나 'R'과 같은 프로그램을 이용할 것을 권장한다. 이 단원에서 다루는 내용은 다음과 같다.

설치하기, 변수와 출력, 연산자와 자릿수 표현
수학함수, 배열과 행렬, 행렬방정식에 필요한 명령어
조건문과 반복문, M-파일 함수문, 그래프 그리기

1.1 설치하기

컴퓨터의 '제어판>시스템 및 보안>시스템'에서 아니면 [내 PC]에 마우스 오른쪽을 클릭한 후 [속성]을 클릭해서 시스템의 운영체제가 32비트인지 64비트인지 먼저 확인한다. 그런 후 옥타브 홈페이지 https://www.gnu.org/software/octave에 들어가면 다음과 같은 창이 뜬다.

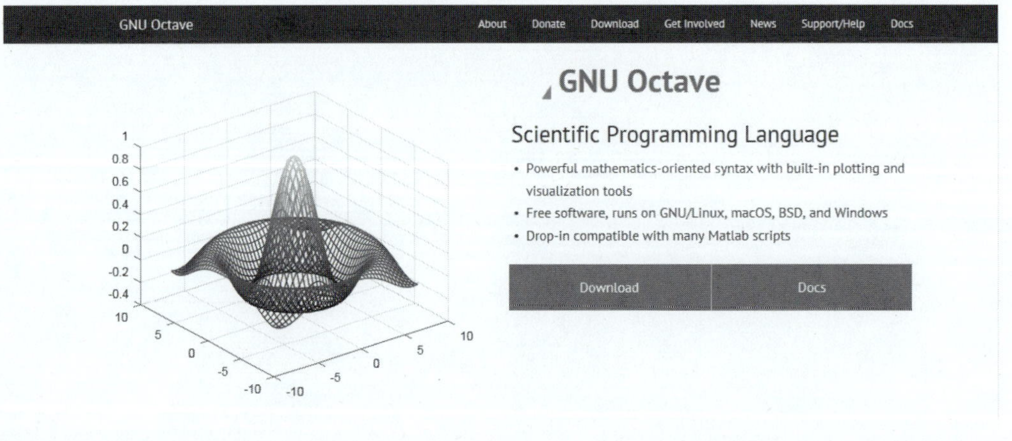

Download를 클릭한 후 나타난 Install 메뉴에서 Windows를 클릭하면 아래와 같은 창이 보인다.

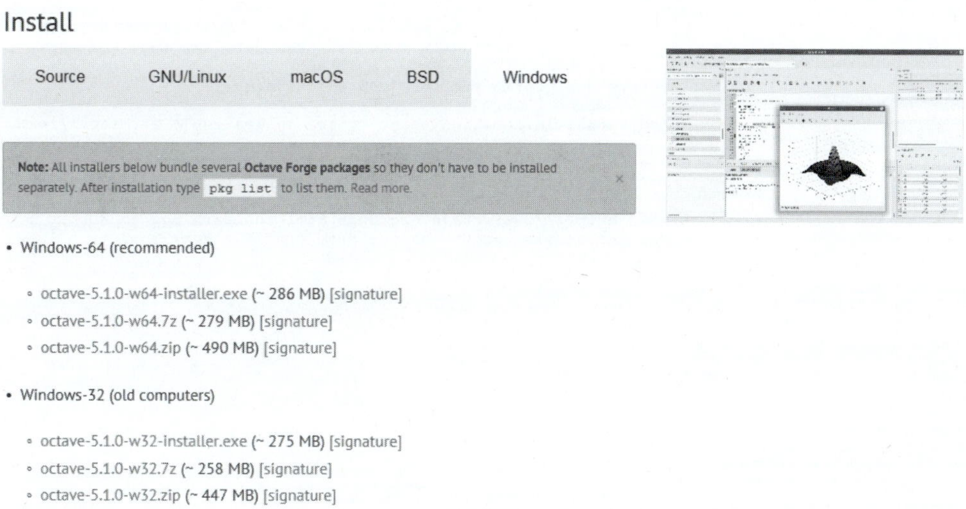

최신판인 octave-5.1.0-w64-installer.exe 또는 octave-5.1.0-w32-installer.exe를 클릭하여 실행한다. 위 실행파일은 설치 시기에 따라 상향 조정될 수 있다. 옥타브가 모두 설치되면 아래와 같은 아이콘이 바탕화면에 나타난다.

이 아이콘을 클릭하면 다음과 같은 옥타브 화면이 나온다.

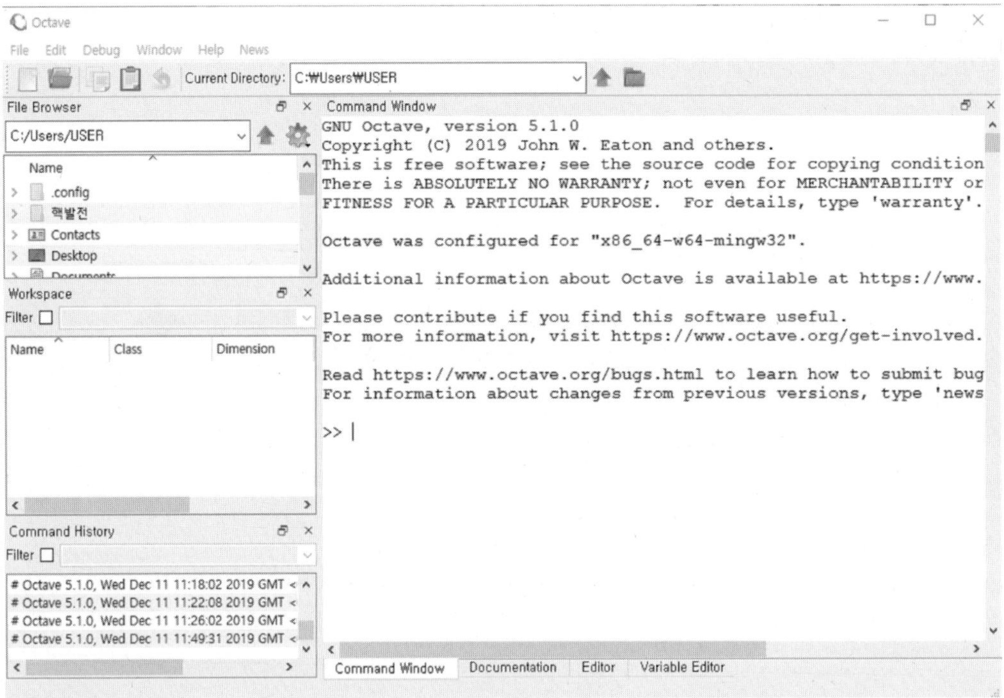

옥타브 함수문 파일을 따로 모을 디렉토리가 필요하면 현재 디렉토리 아래에 따로 만들어 준다. 예를 들어 현재의 홈 디렉토리 C:\Users\USER를 C:\Users\USER\Octave로 변경하려면 Edit>Preferences>General 아래 Octave Startup에 다음과 같이 저장한다.

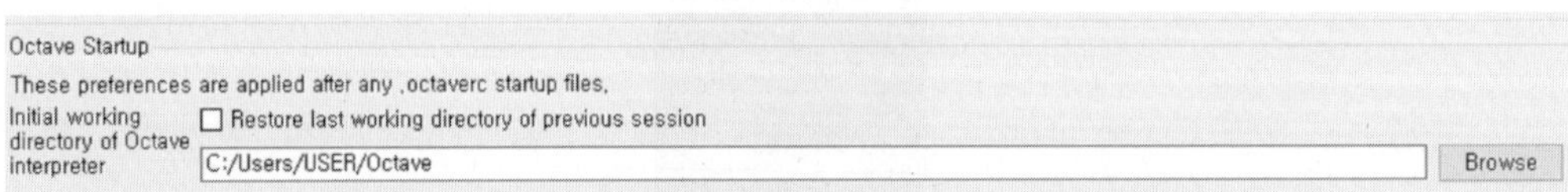

이제 옥타브를 사용할 준비가 되었다. 명령창(Command Window)에 명령을 입력하면 된다.

1.2 변수와 출력

명령창 >> 옆에 명령문을 입력하고 Enter를 치면 명령문이 수행되며 결과가 나타난다. 작업을 끝내려면 >> 다음에 exit(또는 quit)을 친다. 또한 프로그램이 실행 중에 중지하려면 Ctrl/c를 누른다. 명령문에서 % 다음에 있는 내용은 오직 설명문의 역할을 한다. 명령문 끝에 쌍반점 ; 이 붙으면 변수의 값은 저장만 되고 출력되지 않는다. 그러므로 프로그램 안에서 특별히 내용을 볼 필요가 없는 한 변수 끝에 쌍반점 ;를 붙여 변수의 값이 출력되지 않게 하는 것을 권장한다.

변수는 문자로 시작하며 문자, 숫자 그리고 _로 구성한다. 대문자와 소문자는 구별되며 미리 내장되어 있는 변수의 이름은 사용하지 않는 것이 바람직하다. 사용된 변수와 함수는 새로 정의하지 않는 한 그대로 기억된다. clear을 사용하면 정의된 내용이 모두 없어진다. 현재까지 사용된 변수와 함수는 그대로 두고 현재 작업 중인 창을 깨끗이 비우려면 clc를 사용한다.

앞으로 계속 나오는 다음과 같이 상자 안에 있는 명령문에서 % 이하는 설명을 위해 적은 것이니 직접 실행할 때는 입력할 필요가 없다.

```
>> x=3+5          % 변수 끝에 ';' 이 없어 결과가 출력됨
x = 8
>> y=3/5;         % 변수 끝에 ';' 이 있어 결과를 저장만 함
>> y
y =   0.60000
>> clc            % clc는 기존 화면을 모두 지움
>> clear          % 기존 변수를 모두 지움 또는 clear x, y
>> y              % 저장된 내용을 지워져 에러가 나타남
error: 'y' undefined near line 1 column 1
```

가장 간단한 출력은 인용부호 ' ' 를 이용하는 것이다. ' ' 안에 있는 문자를 있는 그대로 출력한다. 형식을 갖추어서 출력하려면 fprintf()를 사용한다. () 안에 다음과 같은 선택사항을 사용하여 출력의 형태를 꾸밀 수 있다.

i, f, %n, %n.m, \n, \t

여기서 i는 정수, f는 소수를 표현하는 기호이다. %ni은 대응하는 정수를 n자리수로 나타내고, %n.mf은 대응하는 실수를 전체 n자리수로 표현하되 이중 m개의 소수점 자리수를 갖게 한다. \n은 다음 줄로 이동하여 출력하고, \t는 탭만큼 간격을 주어 출력하게 한다.

```
>> name = 'Lee G. Bong'              % ' ' 안에 있는 문자를 그대로 출력
name =Lee G. Bong
>> n = 1234; x = 1/3;  r = 5;
>> fprintf('%i, %10i\n %4i', n, n, r)  % 각 대응하는 정수형 변수를 원형 그대로 출력,
1234,       1234                   % 10자리로 출력 후 다음 줄로 이동 4자리로 출력
   5
>> fprintf('%.4f %10.5f %10.6f', x, x, x) % 각 대응하는 변수 x를 소수점 이하 4자리,
0.3333     0.33333    0.333333          % 5자리, 6자리로 출력
>> fprintf('If the rad r = %2i, the circum of the circle is %.4f.', r, 2*pi*r)
If the rad r =  5, the circum of the circle is 31.4159.   % pi는 원주율 π
```

1.3 연산자와 자릿수 표현

사칙 및 거듭제곱의 연산은 차례로 기호 +, −, *, /, ^를 사용한다. 변수로 지정되지 않은 결과는 ans에 저장되어 출력된다.

```
>> 2+3              % 변수로 지정되지 않은 결과는 ans에 저장됨
ans =   5
>> x = 2-3          % 변수로 지정된 결과는 그 변수에 저장됨
x = -1
>> 2*3
```

```
ans =  6
>> val = 2/3
val =  0.66667
>> 2^3
ans =  8
```

크기를 나타내는 관계연산자는 <, <=, >, >=, ==, ~= '그리고, 또는, 부정'을 나타내는 논리연산자는 각각 &, |, ~ 을 사용한다. 출력에서 1은 참, 0은 거짓을 대신한다.

```
>> 4 > 5            % 4는 5보다 작으니까 거짓
ans = 0
>> 4 <= 5           % 4는 5 이하이니 참
ans = 1
>> 4 == 5           % 4는 5와 같지 않으니까 거짓
ans = 0
>> 4 ~= 5           % 4는 5와 다르니까 참
ans = 1
>> 4==5 & 4<5       % 거짓이면서 참이니까 거짓
ans = 1
>> 4==5 | 4<5       % 거짓이거나 또는 참이니까 참
ans = 1
>> ~(4==5)          % 거짓이 아니니까 참
ans = 1
```

수의 자릿수를 조절하기 위하여 format을 사용하며 short, long과 함께 사용한다. format 또는 format short는 일반적으로 소수점을 포함하여 6자리를 표현(일배정도, single precision)하며, format long은 14자리로 나타낸다(이배정도, double precision).

```
>> pi                          % 일배정도 표현
ans =  3.1416
```

```
>> format long                % 이배정도 표현
>> pi
ans =  3.141592653589793
```

1.4 수학함수

옥타브에는 다음과 같은 기호가 내장되어 있다.

e, pi, Inf, i, NaN

e는 무리수 $2.718281828459045\cdots$, pi는 원주율 π, Inf는 무한대 ∞, i는 복소수 $\sqrt{-1}$이며, NaN는 값이 결정되지 않은 부정이나 불능을 나타낸다. 내장된 오차에 관련한 함수는 다음과 같다.

fix, floor, ceil, round

fix()는 수의 소수점 이하를 절단하고, floor()은 바로 아래 정수, ceil()은 바로 위 정수가 되며, round()는 반올림한다.

```
>> x = ((3+4i)*(3-4i)/5)^2    % 4i 는 4*i와 같다.
x =  25
>> 1/0                        % 무한대이므로 Inf
warning: division by zero
ans =  Inf
>> 0/0                        % 불능이므로 NaN
warning: division by zero
ans =  NaN
>> [fix(-2.3), fix(2.3), fix(2.9)]
```

```
ans =   -2   2   2
>> [floor(2.8), ceil(2.3)]
ans =   2   3
>> [round(2.3), round(2.6)]
ans =   2   3
```

지수와 로그 그리고 제곱근 등에 관련된 함수는 다음과 같다. 함수 이름 다음에는 반드시 ()을 사용하여 그 안에 변수를 입력한다.

exp, log, log10, log2, sqrt, factorial

exp()는 밑수를 e로 하는 지수함수, log()는 밑수를 e로 하는 자연로그함수 ln(), log10()은 밑수를 10으로 하는 상용로그함수, log2는 밑수를 2로 하는 로그함수이다. sqrt()는 제곱근을 나타내며 factorial(n)은 계승 n!을 나타낸다.

```
>> [exp(1), sqrt(2)]                      % e와 √2를 뜻함
ans =     2.7183     1.4142
>> [log(exp(1)), log10(100), log2(8)]     % ln e, log_10 100, log_2 8을 뜻함
ans =     1     2     3
>> factorial(5)                           % 5!을 뜻함
ans =   120
```

삼각함수와 쌍곡선함수에 관련된 함수는 다음과 같다.

cos, sin, tan, sec, csc, cot
acos, asin, atan, asec, acsc, acot
cosh, sinh, tanh, sech, csch, coth
acosh, asinh, atanh, asech, acsch, acoth

앞에 a가 있는 함수는 역함수이며 뒤에 h가 있는 함수는 쌍곡선함수이다.

```
>> [sin(pi/6), cos(pi/3), tan(pi/4)]
```

```
ans =     0.5000     0.5000     1.0000
>> [asin(0.5), cos(0.5), atan(1)]           % sin⁻¹0.5, cos⁻¹0.5, tan⁻¹0.5을 뜻함
ans =     0.5236     1.0472     0.7854
>> [sinh(0), cosh(0), tanh(0)]
ans =      0      1      0
>> [asinh(0), acosh(1), atanh(0)]           % sinh⁻¹0, cosh⁻¹1, tanh⁻¹0을 뜻함
ans =      0      0      0
```

복소수에 관련된 함수는 다음과 같다.

abs, real, imag, angle, conj

abs()는 복소수의 크기, real()은 실수부분, imag()은 허수부분, angle()은 편각, conj()은 켤레복소수를 나타낸다. 즉 $z = a + bi$이면 abs(z)= $\sqrt{a^2+b^2}$, real(z)=a, imag(z)=b, angle(z)= $\tan^{-1}(b/a)$, conj(z)= $a - bi$가 된다.

```
>> z = 3+4*i;
>> [abs(z), real(z), imag(z)]    % z의 크기는 5, 실수부는 3,
허수부는 4
ans =      5      3      4
>> [angle(z), conj(z)]           % 편각은 0.9273라디안, 켤레복소수는 3-4i
ans =    0.9273                  3.0000 - 4.0000i
```

1.5 배열과 행렬

벡터나 행렬은 배열로 나타낸다. 배열의 첨자는 1부터 시작하며 end는 배열의 끝 첨자를 나타낸다. 배열은 대괄호 [ ]을 사용하며 각 성분은 빈칸이나 쉼표 , 로 분리하여 나타낸다.

변수에서는 결과를 출력하지 않게 하는 쌍반점 ; 은 배열에서는 각 배열의 끝을 나타내어 그 다음 값은 다음 행으로 간다. 배열의 성분은 소괄호 ( )로 나타낸다.

```
>> vct1 = [0 3 6 9]            % 또는 a=[0, 3, 6, 9] 행벡터
vct1 =     0     3     6     9
>> vct2 = [10; 30]             % 또는 열벡터
vct2 =
   10
   30
>> [vct1(3), vct2(end)]        % 벡터 vct1의 3번째 성분과 vct2의 마지막 성분
ans =     6     30
```

쌍점 : 은 배열에서 범위를 지정한다. 예를 들어, x = n1: n2라고 하면 벡터 x의 성분은 n1부터 1씩 증가하여 n2까지 설정한다. 만일 x = n1: inc: n2라 하면 x의 성분은 n1부터 inc만큼 증가하여 n2까지가 된다. 즉 x1 = 0: 4는 x1 = [0 1 2 3 4]와 같고, x2 = 0: 2: 8은 x2 = [0 2 4 6 8]와 같다. 따라서 x2(1:3)은 [x2(1), x2(2), x2(3)]을 나타내어 [0 2 4]가 된다.

linspace(a, b, n)은 구간 [a, b]을 균등하게 나눈 n개의 점으로 구성된다. n이 생략되면 n=100으로 간주한다. 즉 linspace(a, b)은 구간 [a, b]을 균등하게 100개의 점으로 구성한다. [u v] 또는 [u, v]는 배열 u와 v의 결합을 나타낸다.

```
>> x1 = 5 : 10                     % 5에서 10까지 1씩 증가
x1 =    5    6    7    8    9    10
>> x1(1:2:end)                     % 첫 번째 성분에서 둘 씩 증가하여 마지막 성분까지
ans =     5    7    9
>> x2 = linspace(0, 20, 5)         % [0, 20]을 5등분
x2 =    0    5    10    15    20
>> [x1(2:4) x2(1:2:end)]           % 또는 [x1(2:4), x2(1:2:end)]
ans =     6    7    8    0    10    20
>> [x1(2:4); x2(1:2:end)]          % ;이 있으므로 다음 줄에 배열
```

```
ans =
    6    7    8
    0   10   20
```

행렬은 배열을 다시 배열한 형태이다. 배열과 배열 사이는 쌍반점 ; 나 Enter를 사용할 수 있다. 배열이 하나인 경우 벡터라고 한다. 행렬 A의 i행 j열 성분의 표시는 A(i, j)로 나타내며, 따라서 A의 i행부터 k행 그리고 j열부터 m열까지의 부분행렬은 쌍점 : 을 사용하여 A(i:k, j:m)와 같이 나타낸다.

```
>> A=[1 2 3 4
5 6 7 8; 9 10 11 12]       % ; 나 Enter는 다음 행으로 이동
A =
    1    2    3    4
    5    6    7    8
    9   10   11   12
>> A(1:2, 2:3)              % 행렬 A의 1행과 2행 그리고 2열과 3열로 구성된 부분행렬
ans =
    2    3
    6    7
>> A(2, 3)                  % 행렬 A의 2행 3열의 성분
ans =    7
```

일반적인 자판의 Enter 옆에 있는 부호 ' 은 행과 열을 바꾸는 데 사용한다. 따라서 B = A'라고 하면 행렬 B는 A의 전치행렬이 된다. 연산은 수와 같이 +, -, *, /, ^이며 점 . 와 결합된 .*, ./, .^은 벡터의 연산으로 같은 위치의 성분별로 연산을 시행한다. : 은 열 또는 행을 대신한다. [ ]은 빈행렬을 뜻한다.

```
>> A = [1 2; 3 4]; B =[-1 1; 0 1];
>> A'                       % 전치행렬
ans =
```

```
      1     3
      2     4
>> C=A*B, D=A.*B      % *와 .*의 비교
C =
     -1     3
     -3     7
D =
     -1     2
      0     4
>> A(2, :)                 % A의 두 번째 행
ans =
      3     4
>> A(:, 2)                 % A의 두 번째 열
ans =
      2
      4
>> A(:, 2)  =[ ]        % A의 두 번째 열을 빈행렬로 만듦
A =
      1
      3
>> x = (1:3)'; A  =[x x.^2 x.^3 x.^4]      % 각 성분을 거듭제곱하여 옆으로 배열
A =
      1     1     1     1
      2     4     8    16
      3     9    27    81
```

기본적인 행렬을 나타내는 명령어는 다음과 같다.

ones, zeros, eye, rand, randn, diag

ones()은 성분이 모두 1인 행렬이고, zeros()은 성분이 모두 0인 행렬, eye()은 대각선이 모두 1인 항등행렬이다. rand()은 (0, 1) 사이의 균등분포 난수행렬이고, randn()은 평균이 0이고 분산과 표준편차가 1인 정규분포 난수행렬이다. () 안의 변수가 n인 경우는 $n \times n$

행렬이고 (n, m)인 경우는 $n \times m$ 행렬을 뜻한다. 즉 zeros(n, m)은 $n \times m$인 영행렬이다. diag()는 대각행렬로 A가 행렬이면 diag(A)는 A의 대각성분을 나타내는 벡터이고 A가 벡터이면 대각성분이 A인 대각행렬이다. A가 벡터이면 diag(A, n)은 대각성분이 A인 대각행렬로 n의 절댓값인 |n| 만큼 위(아래)로 이동한다.

```
>> ones(2)        % 성분이 모두 1인 2행 2열 행렬
ans =
    1    1
    1    1
>> eye(2,2)       % 대각성분이 모두 1이고 나머지는 모두 0인 2행 2열 행렬
ans =
    1    0
    0    1
>> rand(2,3)      % 0과 1 사이의 임의의 값을 성분으로 갖는 2행 3열 행렬
ans =
   0.8913    0.4565    0.8214
   0.7621    0.0185    0.4447
>> a = [1 2 3]; diag(a)     % 1, 2, 3을 대각 성분으로 갖는 대각행렬
ans =
    1    0    0
    0    2    0
    0    0    3
>> diag(-2:2) + diag(ones(4,1),1) + diag(ones(4,1),-1)
% diag(-2:2)에 diag(ones(4,1))을 위로 하나 이동한 행렬과 아래로 하나 이동한 행렬의 합
ans =
   -2    1    0    0    0
    1   -1    1    0    0
    0    1    0    1    0
    0    0    1    1    1
    0    0    0    1    2
```

벡터로 표시된 자료를 처리하는 명령어는 다음과 같다.

size, length, max, min, sum, prod, sort, dot

size는 행렬의 행과 열의 크기를 나타내고 size(A, 1)은 행의 크기, size(A, 2)는 열의 크기를 알려준다. length는 행과 열 중 큰 수를 나타낸다.

max와 min은 최댓값과 최솟값을 보여준다. 행렬인 경우는 각 열벡터의 가장 큰 값(또는 작은값)을 보여준다. sum은 합을 보여준다. 행렬의 경우 sum(A)와 sum(A, 1)은 A의 각 열의 성분을 전부 더한 행벡터이고, sum(A, 2)은 A의 각 행의 성분을 전부 더한 열벡터이다. prod는 sum과 비슷하나 곱을 보여준다. prod(1:n)은 n!을 뜻하여 factorial(n)과 같다. sort는 크기순으로 정렬하며 dot는 두 벡터의 곱(내적)이다.

```
>> A = [1 2 3 4; 5 6 7 8; 9 10 11 12];
>> [n, m] = size(A)          % n은 행의 수, m은 열의 수
n =   3
m =   4
>> [i, j] = max(A)           % A의 각 열 중 최댓값과 그 행의 위치
i =      9    10    11    12
j =      3     3     3     3
>> sum(A), sum(A,2)          % A의 열의 합과 행의 합
ans =      15    18    21    24
ans =
    10
    26
    42
>> x = [3 -2 6 1];
>> [val, ind] = max(x)       % val은 가장 큰 수, ind는 가장 큰 수가 있는 위치
val =   6
ind =   3
>> prod(5:10)                % 5에서 10까지의 곱
ans =    151200
>> sort(x)                   % x의 성분을 올림차순으로 배열
ans =      -2      1      3      6
>> dot(x, ans)               % x와 ans의 내적
ans =      16
```

1.6 행렬방정식에 필요한 명령어

행렬방정식에서 주로 다루는 주제는 연립방정식 $Ax=b$의 해와 고유치방정식 $Ax=\lambda x$의 고유치와 고유벡터를 구하는 것이다. 이것을 위하여 행렬을 분해한다. 기본적인 명령어는 다음과 같다.

inv, det, norm, eig, hilb, rosser

inv()는 역행렬을 나타낸다. 따라서 $Ax=b$의 해는 $x=A^{-1}b$이므로 x=inv(A)*b 또는 x=A\b가 된다. det는 행렬식, norm은 행렬(또는 벡터)의 노름을 나타낸다. norm(A)는 2-노름이며 그 외 norm(A, 1), norm(A, inf), norm(A, p), norm(A, 'fro')이 있다. hilb()는 i행 j열의 성분이 $\frac{1}{i+j-1}$인 힐버트 행렬이다. eig()은 고유치와 고유벡터를 알려준다. rosser는 크기가 8인 시험용 대칭행렬이다.

```
>> A = [1 3; 0 2]; b = [4; 2];
>>  x= inv(A)*b
x =
     1
     1
>> [V, D] = eig(A)              % D의 대각성분은 고유치, V의 열벡터는 대응하는 고유벡터
V =
    1.0000    0.9487
         0    0.3162
D =
     1     0
     0     2
>> format rat; H = hilb(3)   % format rat은 결과를 분수로 보여줌
H =
      1          1/2          1/3
     1/2         1/3          1/4
     1/3         1/4          1/5
```

```
>> format                          % format short 과 같다.
>> [norm(H, 1), norm(H, inf), norm(H, 2)]
ans =     1.8333     1.8333     1.4083
>> det(H)
ans =  4.6296e-004
```

선형대수학에서 사용되는 중요한 명령어는 다음과 같다.

trace, cond, null, orth, poly, rank, rref, chol, lu, qr

trace(A)는 행렬 A의 대각성분의 합이고, cond(A)는 조건상수 $\|A\| \;/\; \|A^{-1}\|$이다. null(A)는 A의 영공간 $\{x \mid Ax = 0\}$, orth(A)는 A의 열벡터로 생성된 직교행렬이다. poly(A) A의 특성다항식의 계수를 내림차순으로 나열한 것이며 rank(A)는 A의 일차독립인 열벡터의 수이다. rref(A)는 A의 축소된 사다리꼴 형태이다. chol(A) A의 숄레스키 분해이며, lu(A)는 A의 LU 분해 그리고 qr(A)는 A의 QR 분해이다.

```
>> A = fix(10*rand(3))     % 성분이 0에서 10 사이의 임의의 수인 크기가 3인 행렬
A =
    9   6   8
    4   8   2
    9   9   7
>> [trace(A), cond(A), rank(A)]
ans =    24.0000   350.9034     3.0000
>> [L, U] = lu(A);
>> L*U                      % LU 분해하고 다시 곱하면 같다.
ans =
    9   6   8
    4   8   2
    9   9   7
>> [Q, R] = qr(A);          % LU 분해하고 다시 곱하면 같다.
>> Q*R
ans =
    9.0000    6.0000    8.0000
    4.0000    8.0000    2.0000
    9.0000    9.0000    7.0000
```

1.7 조건문과 반복문

조건을 만족하면 실행하는 명령문의 가장 간단한 형태는 if/ end이며 일반형은 if/ else/ end이다. 중첩될 경우 elseif를 추가한다. 구문이 끝날 때는 반드시 end를 사용하여 문장이 끝났음을 알려준다.

```
if 조건
  실행문1
else
  실행문2
end
```

```
>> score = 88;
>> if score >= 70     % 70점 이상이면 'Pass'
'Pass'
end
ans = Pass
>> if score >= 80     % 80점 이상이면 'Exellent' 아니면 'Need Effort'
'Exellent'
else
'Need Effort'
end
ans = Exellent
>> if score >= 90     % 90점 이상 'Exellent', 80점 이상 'Good' 아니면 'Need Effort'
'Exellent'
elseif score >= 80
'Good'
else
'Need Effort'
end
ans = Good
```

조건을 만족하면 반복하여 실행하는 반복문은 for/ end와 while/ end가 있다.

for 조건 실행문 end	while 조건 실행문 end

```
>> hap = 0;
>> for k = 1 : 10
hap = hap + k;
end
>> hap
hap =     55
>> x = 1 : 2 : 100;
>> sum_x = 0;
>> for k = 1 : length(x)
sum_x = sum_x + x(k);
end
>> sum_x
sum_x =   2500
```

```
>> hap = 0; k = 1;
>> while k <= 10        % 1부터 10까지의 합
hap = hap + k; k = k+1;
end
>> hap
hap =     55
>> x = 1 : 2 : 100;   % x는 1부터 100까지 홀수의 벡터
>> sum_x = 0; k = 1;
>> while k <= length(x)   % 벡터 x의 합
sum_x = sum_x + x(k); k=k+1;
end
>> sum_x
sum_x =   2500
```

다음은 벡터 x, $y \in R^n$의 곱 $\sum_{i=1}^{n} x_i y_i$을 출력하는 명령문이다.

```
>> x = [1 2 3]; y = [3 2 1];
>> hap = 0;
>> for k = 1: length(x)          % length(x)은 x의 크기
        hap = hap + x(k)*y(k);
end
>> hap
hap =   10
```

1.8 M-파일 함수문

M-파일 함수문이란 C의 서브루틴과 같은 프로그램으로 독립된 파일이며 확장자를 .m을 갖는다. 함수문에서 파일의 내용을 알려주거나 대화를 통한 명령어는 다음과 같다.

disp, input, error

disp는 ans을 출력하지 않고, input은 사용자의 입력을 기다리며, error은 실행을 정지한다.

M-파일을 만들려면 우선 창 위에 있는 메뉴의 File-New-New Function을 클릭한다. 새로 만들 파일의 이름, 예를 들어 'func_exam1'을 주면 다음과 같은 창이 뜬다.

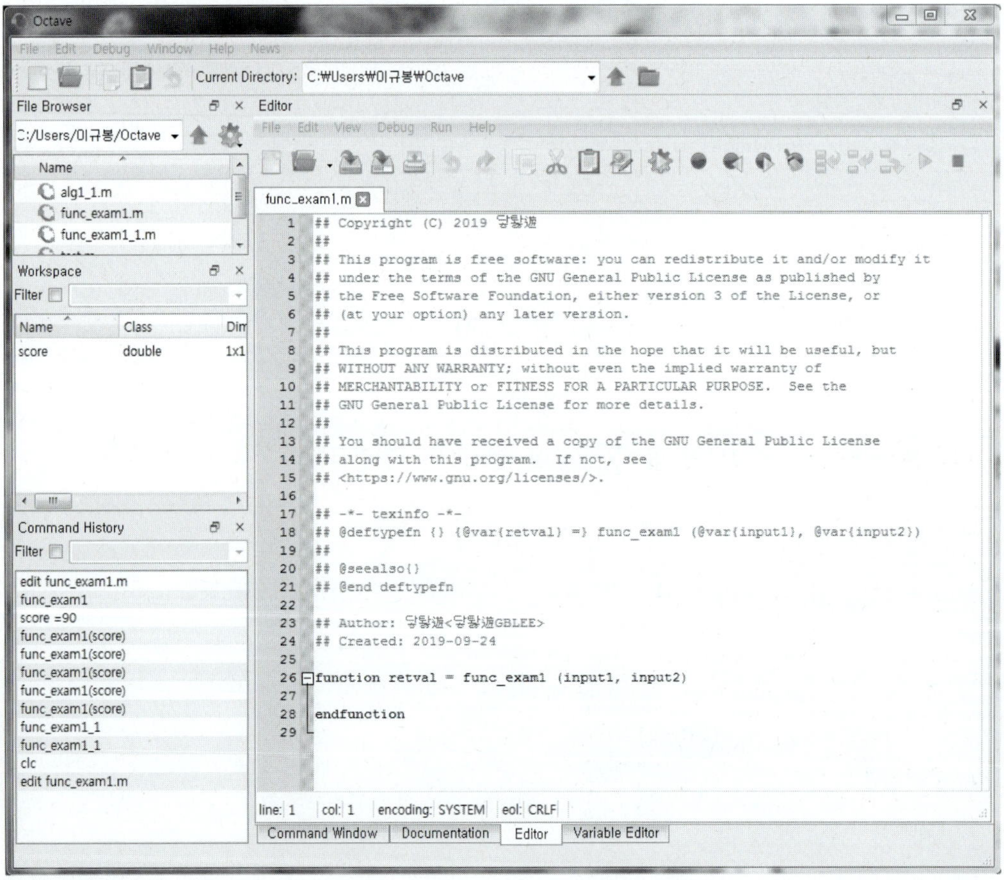

이 창에 프로그램을 작성한다. func_exam1은 이미 정의한 함수 이름이자 파일 이름이니 건드리지 말고 출력 retval과 입력 input1, input2의 이름은 변수의 의미를 가능한 표현하는 단어로 정하면 된다. 프로그램을 완성했으면 저장하고 명령창에서 실행하면 된다.

예를 들면 위 상단에 보듯이 옥타브 프로그램 저장을 위한 디렉토리를 아래와 같이 설정하여 Octave 아래에 저장한다. 자신의 컴퓨터의 설정에 따라 다를 수 있으나 옥타브만을 위한 별도의 디렉토리를 만들어 좋기를 권장한다.

C:\Users\USER\Octave

위 Current Directory: 옆에 C:\Users\USER\Octave이 된 상태의 명령창에서 실행해야 한다.

예제 | 1.1

100점 만점에 80점 이상이면 'Exellent', 그렇지 않으면 'Need Effort'를 함수문 안에서 출력하는 함수문 grade1.m을 작성하라.

프로그램 아래와 같은 M-파일문을 grade1.m으로 \Octave 디렉토리에 저장하고 명령창에서 입력값을 준 후 실행한다.

```
function grade1(score)    % 출력이 따로 없어 출력 변수 생략
if score >= 80
  disp('Exellent')        % ans가 출력되지 않는다.
else
  disp('Need Effort')
end
endfunction
```

```
>> score = 90;
>> grade1(score)
Exellent
```

입력을 생략하고 함수문 안에서 직접 점수를 입력 받으려면 input()을 이용한다.

```
function grade2
score = input('Your score? ');      % 명령창에서 실행하면 Your score? 가 출력됨
if score >= 80
  disp('Exellent')
else
  disp('Need Effort')
end
endfunction
```

```
>> grade2
Your score? 85
Exellent
```

예제 | 1.2

n1에서 n2까지 k의 간격으로 모두 합한 값을 출력하는 함수문 sum_n1_n2.m을 작성하라. 단 n1 > n2이고 k는 양의 정수이다.

프로그램

```
function hap = sum_n1_n2(n1, n2, k)   % n1, n2, k을 명령창에서 받아 hap을 내보냄
hap = 0;
for k1 = n1: k: n2
    hap = hap + k1;
end
endfunction
```

```
>> n1 = 0; n2 = 1000; k = 5;
>> hap = sum_n1_n2(n1, n2, k)
hap =   100500
```

예제 | 1.3

벡터 $x \in R^n$의 성분의 합 $\sum_{i=1}^{n} x_i$을 출력하는 함수문 $\mathrm{sum_vctor.m}$을 작성하자.

프로그램

```
function hap = sum_vctor(x)        % x를 명령창에서 받아 hap을 내 보냄
hap = 0;
for k = 1: length(x)
     hap = hap + x(k);
end
endfunction
```

```
>> x=[1 2 3 4];
>> hap=sum_vctor(x)
hap =   10
```

예제 | 1.4

벡터 x, $y \in R^n$의 내적 $x \cdot y = \sum_{i=1}^{n} x_i y_i$을 출력하는 함수문 $\mathrm{xdoty.m}$을 작성하자. 여기서

프로그램

```
function alpha = xdoty(x, y)      % 같은 크기의 벡터 x, y를 받아 내적 alpha를 내보냄
alpha = 0; n = length(x); m = length(y);
if n == m
     for k = 1 : length(x)
          alpha = alpha + x(k)*y(k);
     end
else
     disp('The sizes of x and y are different!!!')
end
endfunction
```

```
>> x = [1 2 3]; y = [3 2 1];
>> hap = xdoty(x,y)
hap =   10
```

함수문을 사용하지 않고도 함수를 정의할 수 있다.

'수식', eval, inline, feval

함수의 정의는 간단히 f_name = '수식'처럼 정의한 후 변수의 값을 정하고 eval(f)로 함수 그 변수의 'f'의 값을 출력할 수 있다. 또는 변수를 함께 주는 f_name = inline('수식','x1',...,'xn')으로 정의하고 특정한 값 x1,..., xn에서의 함숫값은 f_name(x1, ..., xn) 또는 feval(f_name, x1, ..., xn)로 출력할 수 있다.

```
>> fun = 'x^2+x+1';
>> x = 2; y = eval(fun)
y =     7
>> myfn = 'x*y^2';
>> x = 1; y = 2;
>> eval(myfn)
ans =       4
>> my = inline(myfn, 'x', 'y')    % 또는 my = inline('x*y^2', 'x', 'y')
my =
      Inline function:
      my(x,y) = x*y^2
>> my(1, 2)                        % 또는 feval(my, 1, 2)
ans =     4
```

1.9 그래프 그리기

그래프를 그리는 명령어 중 직교좌표와 극좌표에 대한 것은 다음과 같다.

plot, polar

같은 크기의 벡터 $x=(x_i)$, $y=(y_i)$일 때 plot$(x,\ y)$는 직교좌표에서 점 (x_i, y_i)을 직선으로 연결한 그래프이다. 마찬가지로 $t=(t_i)$, $r=(r_i)$일 때 polar$(t,\ r)$는 사잇각이 t이고 크기가 r인 극좌표 그래프이다.

$[a,\ b]$ 위에서 $y=f(x)$의 그래프를 그리려면, $[a,\ b]$를 균등하게 나눈 점을 x에 저장하고 $y=f(x)$로 정의한 후 plot$(x,\ y)$ 하면 된다.

```
>> x = 0: 0.1: 4; y = exp(x);
>> plot(x,y)          % 직교좌표
>> t=linspace(0, 2*pi);
>> r=1-cos(t);
>> polar(t,r)       % 극좌표
```

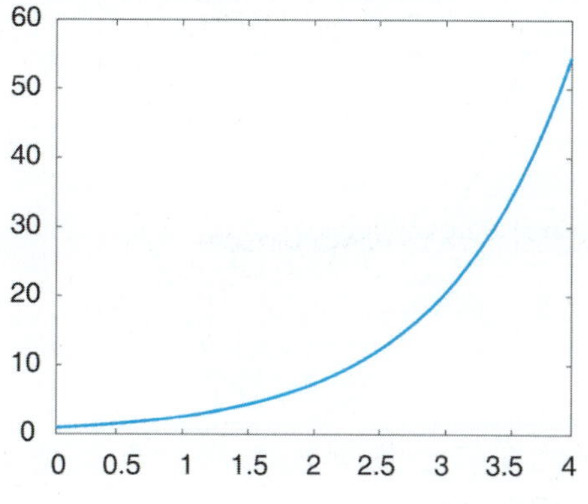

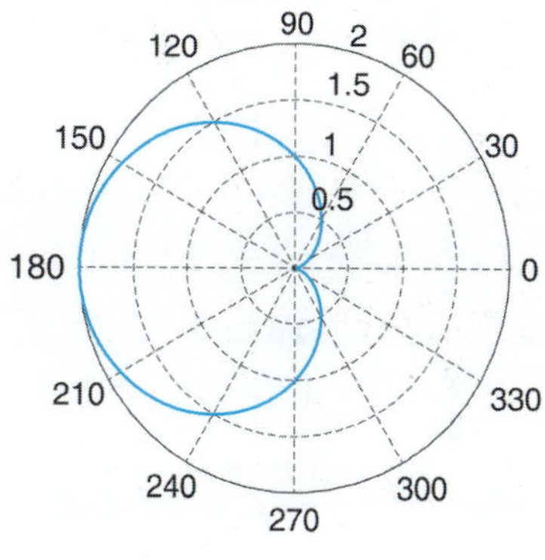

그래프를 꾸미는 명령어와 선택사항은 다음과 같다.

axis, grid, xlabel, ylabel, title, text

axis는 축에 관련된 선택사항으로 axis([xmin xmax ymin ymax])은 x축과 y축의 범위, axis auto(square, equal)은 x축과 y축의 비율, axis on(off)은 축을 나타내는지의 여부를 나타낸다. grid off(on)는 격자선, xlabel('0 \leq {\itt} \leq 2\pi')과 ylabel('sin(x)')은 축의 이름, title('y=sin(x)의 그래프', 'FontSize', 12)은 그림의 이름을 나타내며 그림 안에 설명문을 넣을 때는 text(1, -0.2, '{주기는 2\pi}')를 이용한다. \leq는 ≤, \it는 이태릭체. \pi는 π를 뜻한다. 1, -0.2는 (1, -0.2)에서부터 설명문을 시작한다는 뜻이다.

1. 옥타브 사용하기
2. 선형대수
3. 함수와 수열
4. 미분
5. 확률과 통계
6. 최소제곱법과 경사하강법
7. 인공지능

```
>> x = linspace(0, 2*pi);              % (0, π)를 균등하게 100등분
>> y = sin(x);
>> plot(x, y)
>> axis([0 2*pi -1 1])
>> xlabel('0\leq {\itt} \leq 2\pi')     % x축은 (0, 2π), y축은 (-1, 1)
>> ylabel('sin(x)')
>> title('sin(t)', 'FontSize', 12)
>> text(1, -0.2, '{주기는 2\pi}')
```

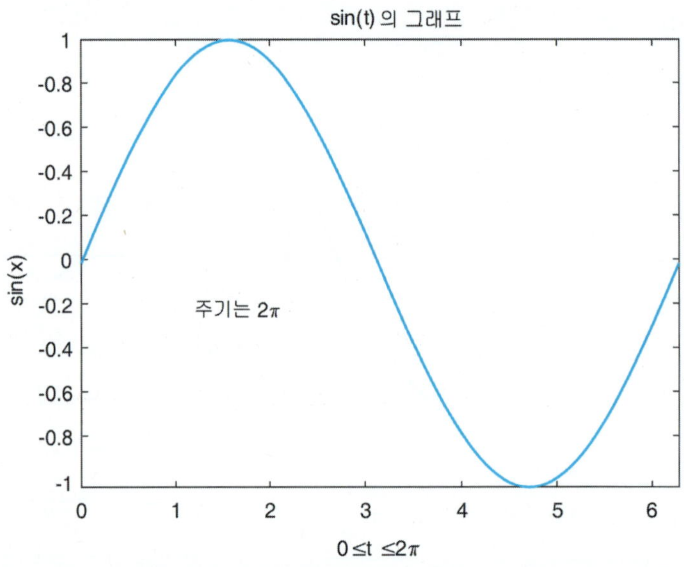

두 개 이상의 그래프를 함께 그릴 수 있고 각 그래프의 범례를 legend를 이용하여 만들 수 있다.

```
>> x = 0: 0.1: 2*pi;
>> y1 = sin(x); y2 = sin(x-0.25); y3 = sin(x-0.5);
>> plot(x, y1, x, y2, x, y3)
>> legend('y1','y2','y3')
```

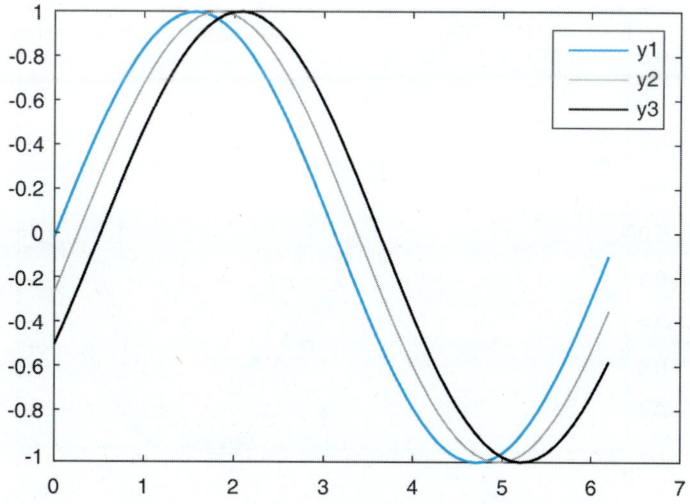

그래프 plot(x, y, '속성')의 속성을 나타내는 선택사항은 다음과 같다.

색상 'c', 'm', 'y', 'r', 'g', 'b', 'w', 'k'
선 '-', '--', ':', '-.', '.'
표시 '+', 'o', '*', 'x', 's', 'd', '^', 'v', '〉', '〈', 'p', 'h'

hold on은 그림을 한 창에 계속 겹치게 한다. 끝내려면 hold off를 한다.

```
>> x = 0: 0.1: 2*pi;
>> y1 = sin(x); y2 = sin(x-0.25); y3 = sin(x-0.5);
>> plot(x, y1, 'r:s', x, y2, 'g-*', x, y3, 'b--x')
또는
>> plot(x, y1, 'r:s')
>> hold on
>> plot(x, y2, 'g-*')
>> plot(x, y3, 'b--x')
>> hold off
```

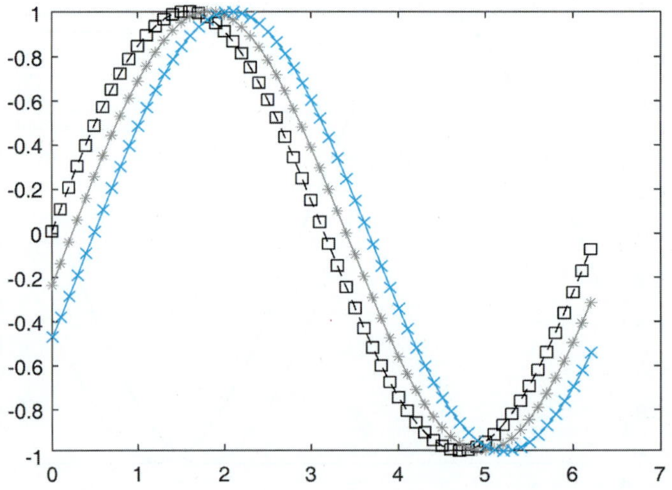

$y = f(x),\ x \in [a,\ b]$의 그래프를 x와 y 벡터를 만들지 않고 다음 명령어를 이용하여 바로 그릴 수 있다. fplot('함수', '범위', '속성')와 같이 사용한다.

fplot

```
>> fun = '1/(1+x^2)'; lims = [-5,5];
>> fplot(fun, lims);
또는
>> fplot(fun, lims,'*');
>> grid
```

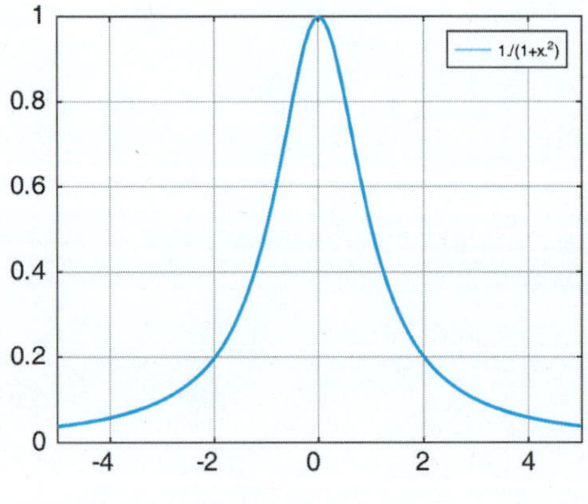

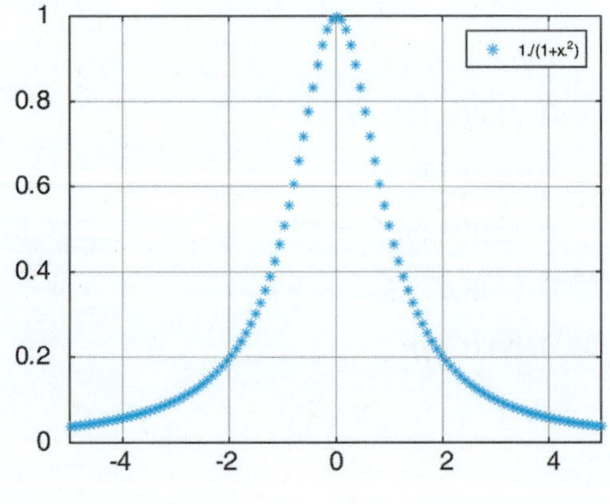

화면을 새로 만들거나 분할하는 명령어는 다음과 같다.

figure, subplot

figure는 새로운 화면을 추가한다. figure(n)은 만들어진 화면 중 Figure n 화면을 활성화한다. subplot(m, n, p)은 현 화면을 m x n으로 분할하여 p번째 화면에 그래프를 삽입한다.

```
>> x = linspace(0, 2*pi, 100);
>> y = sin(x);
>> subplot(2,2,1); plot(x, y)
>> subplot(2,2,2); plot(x, y, '.')
>> subplot(2,2,3); plot(x, y, '+')
>> subplot(2,2,4); plot(x, y, ':')
```

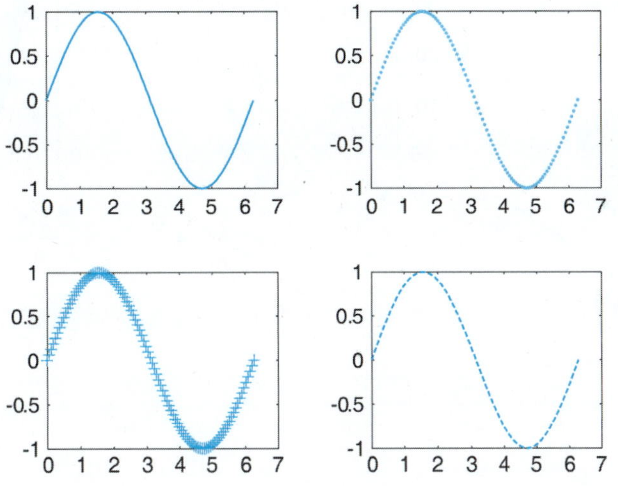

$z=f(x, y)$와 같은 3차원의 그래프는 다음 명령어로 그릴 수 있다.

plot3, mesh, surf

영역 $[a, b]\times[c, d]$를 0.1의 간격으로 잘게 나눈 결과는 $[x, y]$= meshgrid(a: 0.1: b, c: 0.1: d)로 $[x, y]$에 저장한 후 $z=f(x, y)$를 구하여 위 명령어에 입력하면 된다. 예를 들어

$$z = x^2 + y^2, \ \ -5 \le x \le 5, \ \ -5ley \le 5$$

의 그래프는 다음과 같이 그릴 수 있다.

```
>> [x, y ]= meshgrid(-5:0.5:5);
>> z = x.^2+y.^2;
>> subplot(1,3,1): plot3(x,y,z);
>> subplot(1,3,2): mesh(x,y,z);
>> subplot(1,3,3): surf(x,y,z);
```

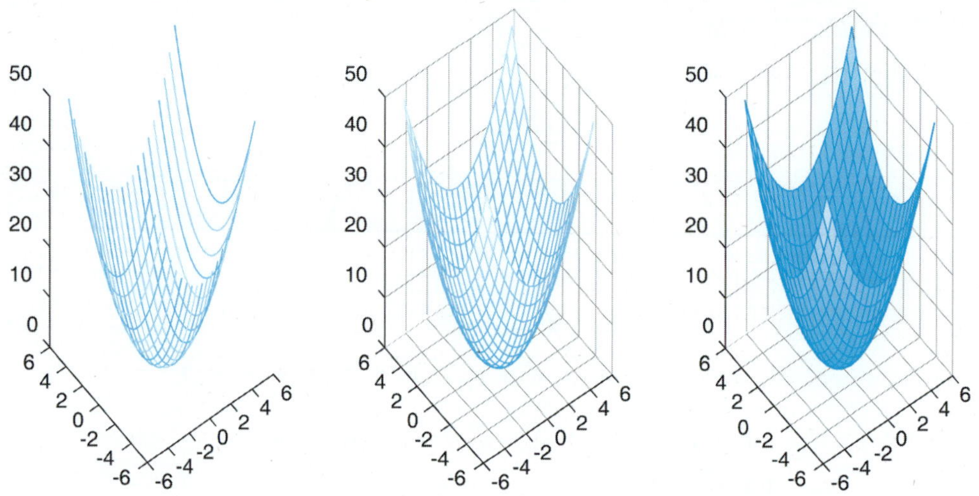

옥타브로 배우는 인공지능을 위한 기초수학

2

선형대수

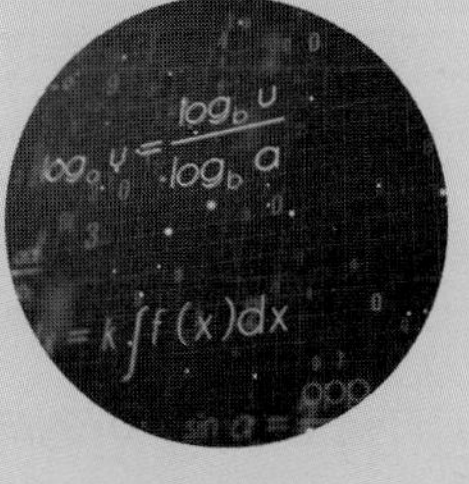

선형대수학은 대부분의 수학과에서 필수로 지정할 만큼 매우 중요한 분야로 자연과학과 공학은 물론 경제학, 경영학, 사회학 등 인문사회학 분야에서도 필요한 분야이다. 선형대수학에서 주로 다루는 것은 행렬과 벡터이다. 이를 이용하여 연립방정식과 고유치방정식의 해를 구하고, 공간과 공간 사이의 변환을 설명한다. 인공지능에서 반드시 필요한 빅데이터도 행렬과 벡터로 처리하며, 음성 인식이나 문자 인식을 위한 단어도 벡터로 변형하여 사용한다. 또한 알고리즘의 수많은 과정은 거의 필수적으로 행렬과 벡터의 연산이다. 이 단원에서 다루는 내용은 다음과 같다.

연립방정식, 행렬과 벡터, 가우스 소거법
행렬식, 고유치방정식, 거듭제곱방법, 선형변환

2.1 연립방정식

미지수 x와 y에 대하여 방정식 $x+2y=10$을 만족하는 $x=4$와 $y=3$을 이 방정식의 해라고 하며 미지수가 두 개이고 식이 하나인 이러한 방정식의 해는 무수히 많다. 구하고자 하는 미지수 x_i들을 임의의 n개로 확대하면

$$a_1x_1 + a_2x_2 + \cdots + a_nx_n = b$$

와 같이 나타낼 수 있다. 여기서 a_i들과 b는 이미 주어진 수 또는 정해진 수라 해서 상수라고 한다. 이러한 방정식이 여러 개 모인 방정식을 선형연립방정식(system of linear equations) 또는 단순히 연립방정식이라 하며 다음과 같이 표현한다.

$$\begin{array}{ccccccc} a_{11}x_1 + & a_{12}x_2 + & \cdots & + a_{1n}x_n & b_1 \\ a_{21}x_1 + & a_{22}x_2 + & \cdots & + a_{2n}x_n & b_2 \\ \vdots & \vdots & & \vdots & \\ a_{m1}x_1 + & a_{m2}x_2 + & \cdots & + a_{mn}x_n & b_\pi \end{array}$$

여기서 a_{ij}들과 b_i들은 상수이고 x_j들은 미지수로 구해야 할 수이다. 특정한 x_j들이 이 식을 만족하면 이들을 이 방정식의 해(solution)라고 하는데 해가 반드시 있는 것은 아니고 없을 수도 있다. 그러나 해가 있다면, 그 경우 단 하나이거나 아니면 무한히 많다. 일반적으로 미지수의 개수(n)가 방정식의 개수(m)보다 많으면 해는 무한히 많고, 적으면 해가 없을 수도 있다. 미지수와 방정식의 개수가 같으면 계수에 따라 단 하나의 해가 있을 수도 있고, 없을 수도 있고 그리고 무한히 많을 수도 있다. 각각의 경우를 예를 들어 살펴보자.

예제 | 2.1

미지수가 두 개이고 방정식이 두 개인 연립방정식의 해는 다음과 같다.

(1) $\begin{cases} x+y=3 \\ x-y=1 \end{cases}$ 의 해는 $x=2,\ y=1$ 단 하나뿐이다.

(3) $\begin{cases} x+y \ \ =1 \\ 2x+2y=2 \end{cases}$ 의 해는 $x=t,\ y=1-t,\ t\in R$로 무수히 많다.

(2) $\begin{cases} x+y \ \ =3 \\ 2x+2y=2 \end{cases}$ 의 해는 없다.

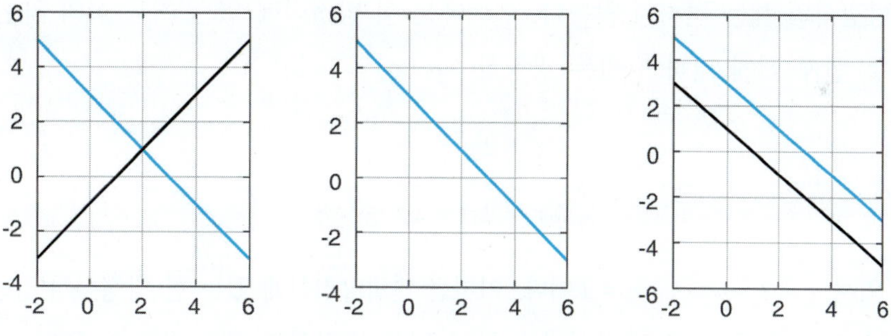

위의 그림은 다음과 같이 옥타브를 이용하여 구할 수 있다.

```
>> x=linspace(-2,6); y1=-x+3; y2=x-1; y3=-x+1;
>> subplot(1,3,1); plot(x,y1, x,y2);
>> subplot(1,3,2); plot(x,y1);
>> subplot(1,3,3); plot(x,y1, x,y3);
```

다음 연립방정식을 살펴보자.

$$\begin{aligned} x+2y+z&=4 \\ 2x+y&=3 \\ 4x+y+2z&=7 \end{aligned}$$

이 방정식의 해는 $x=1,\ y=1,\ z=1$이다. 이 방정식의 처음 두 식을 교환하여 얻은

$$\begin{aligned} 2x+y&=3 \\ x+2y+z&=4 \\ 4x+y+2z&=7 \end{aligned}$$

의 해도 역시 $x=1, y=1, z=1$으로 변함이 없다. 즉 연립방정식에 있는 각 방정식의 순서를 바꾸어도 해는 변하지 않는다. 또한 이 방정식의 첫 번째 식의 양변에 0이 아닌 상수 예를 들어 2를 곱하여 만든 방정식

$$\begin{aligned} 2x+4y+2z&=8 \\ 2x+y&=3 \\ 4x+y+2z&=7 \end{aligned}$$

의 해도 변함이 없다. 즉, 연립방정식에 있는 한 방정식의 양변에 0이 아닌 상수를 곱하여도 그 연립방정식의 해는 변하지 않는다. 이번에는 이 방정식에 있는 처음 식의 양변에 -2를 곱하여 두 번째 식에 더하여 만든 방정식

$$\begin{aligned} x+2y+z&=4 \\ -3y-2z&=-5 \\ 4x+2y+2z&=8 \end{aligned}$$

의 해도 역시 $x=1,\ y=1,\ z=1$이다. 이처럼 연립방정식에 있는 한 방정식의 양변에 상수를 곱하여 그 결과를 다른 방정식에 더하여 얻은 방정식의 해도 변함이 없다.

이와 같이 두 연립방정식의 계수는 다를 수 있으나 해가 같은 경우 두 식은 동치라고 한다. 위와 같이 동치가 되는 방법을 반복하여 이용해 주어진 연립방정식의 계수를 소거하여 풀기 쉬운 방정식으로 만들어 해를 구하는 것을 소거법이라 한다.

동치인 기본 방정식 연산

(1) 두 방정식을 바꾼다.

(2) 한 방정식에 0 이 아닌 상수를 곱한다.

(3) 한 방정식에 상수를 곱하여 다른 방정식에 더한다.

예제 | 2.2

다음 연립방정식의 해를 소거법으로 구하자.

$$\begin{aligned} x+2y+\ \ z&=4 \\ 2x+\ \ y\qquad\ &=3 \\ 3x+2y+2z&=7 \end{aligned}$$

풀이

이 연립방정식의 첫 식에 -2를 곱하여 두 번째 식에 더하고, 그 다음 첫 식에 -3를 곱하여 세 번째 식에 더하면

$$\begin{aligned} x+2y+\ \ z&=\ \ 4 \\ -3y-2z&=-5 \\ -4y-\ \ z&=-5 \end{aligned}$$

을 얻는다. 다시 이 방정식의 두 번째 식에 -1을 곱한 후 다시 그 식에 $\frac{4}{3}$를 곱하여 세 번째 식에 더한 후, 두 번째 식에 $\frac{3}{5}$을 곱하면

$$\begin{aligned} x+2y+\ \ z&=4 \\ 3y+2z&=5 \\ z&=1 \end{aligned}$$

이 된다. 맨 아래 식부터 차례로 해를 구하면

$$\begin{aligned} &z=1 \\ &y=(5-2z)/3=1 \\ &x=4-z-2y=1 \end{aligned}$$

이 되어 해는 $x=1,\ y=1,\ z=1$이다.

미지수의 개수와 방정식의 개수가 같은 경우 해가 단 하나 존재하는 예를 보였다. 일반적으로 미지수의 개수가 방정식의 개수보다 많으면 해는 무한히 많고 미지수의 개수가 방정식의 개수보다 적거나 같으면 해는 없을 수도 있음을 소거법을 이용해 살펴보자.

예제 | 2.3

다음 연립방정식의 해가 없음을 소거법으로 살펴보자.

$$\begin{aligned} y - 4z &= 4 \\ 2x - 3y + 2z &= 2 \\ 5x - 8y + 7z &= 2 \end{aligned}$$

풀이

이 연립방정식의 첫 식과 두 번째 식을 교환하면

$$\begin{aligned} 2x - 3y + 2z &= 2 \\ y - 4z &= 4 \\ 5x - 8y + 7z &= 2 \end{aligned}$$

이다. 이 방정식의 첫 식에 $-\frac{5}{2}$를 곱하여 세 번째 식에 더하면

$$\begin{aligned} 2x - 3y + 2z &= 2 \\ y - 4z &= 4 \\ -\frac{1}{2}y + 2z &= -3 \end{aligned}$$

이다. 이 방정식의 세 번째 식에 -2를 곱하면

$$\begin{aligned} 2x - 3y + 2z &= 2 \\ y - 4z &= 4 \\ y - 4z &= 6 \end{aligned}$$

이다. 이 방정식의 두 번째 식에 -1를 곱하여 세 번째 식에 더하면

$$\begin{aligned} 2x - 3y + 2z &= 2 \\ y - 4z &= 4 \\ 0 &= 2 \end{aligned}$$

이 된다. 이 방정식의 해가 있다면 세 번째 식이 모순이 된다. 따라서 이 방정식을 만족하는 해는 없다.

예제 | 2.4

다음 연립방정식의 해가 무한히 많음을 소거법으로 구하자.

$$\begin{aligned} y + z - w &= 0 \\ x - y + 3z - w &= -2 \\ x + y + z + w &= 2 \end{aligned}$$

풀이

이 연립방정식의 첫 식과 두 번째 식을 교환하면

$$\begin{aligned} x - y + 3z - w &= -2 \\ y + z - w &= 0 \\ x + y + z + w &= 2 \end{aligned}$$

이다. 이 방정식의 첫 식에 -1를 곱하여 세 번째 식에 더하면

$$\begin{aligned} x - y + 3z - w &= -2 \\ y + z - w &= 0 \\ 2y - 2z + 2w &= 4 \end{aligned}$$

을 얻는다. 다시 이 방정식의 두 번째 식에 -2를 곱하여 세 번째 식에 더한 후 세 번째 식을 -4로 나누면

$$\begin{aligned} x - y + 3z - w &= -2 \\ y + z - w &= 0 \\ z - w &= -1 \end{aligned}$$

이다. 마지막 식부터 해를 구하면

$$\begin{aligned} x &= y - 3z + w - 2 \\ y &= -z + w \\ z &= w - 1 \end{aligned}$$

을 얻는다. 맨 아래 식부터 대입하여 해를 구하면

$$\begin{aligned} x &= 2 - 2w \\ y &= 1 \\ z &= -1 + w \end{aligned}$$

이다. $y=1$로 고정이지만 w는 임의의 수이므로 이 방정식의 해는 무수히 많다.

2.2 행렬과 벡터

인공지능에서는 수많은 데이터를 사용한다. 이 데이터를 한 줄로 나열하기도 하고, 한 줄로 나열한 것 자체를 옆으로 또는 위아래로 나열하며, 이렇게 가로와 세로로 나열한 자체를 여러 개 앞뒤로 나열한다. 맨 앞의 나열을 벡터, 중간의 나열을 행렬, 그리고 맨 뒤의 나열을 텐서라고 한다. 본 절에서는 행렬과 벡터에 대하여 알아본다.

정의 2.1

실수 a_{ij}를 아래와 같이 직사각형 모양으로 나열한 것을 **행렬**(matrix)이라고 한다. 이 경우 m 행 n 열(또는 $m \times n$) 행렬이라 하며 A의 **크기**를 (m, n) 또는 $m \times n$이라고 한다. 간단히 $A = (a_{ij})_{m \times n}$ 또는 $A \in R^{m \times n}$으로 나타내며 소괄호 ( ) 또는 대괄호 [ ]를 사용한다.

$$(a_{ij})_{m \times n} = \begin{pmatrix} a_{11} & a_{12} & \cdots & a_{1n} \\ a_{21} & a_{22} & \cdots & a_{2n} \\ \vdots & \vdots & & \vdots \\ a_{m1} & a_{m2} & \cdots & a_{mn} \end{pmatrix} = \begin{bmatrix} a_{11} & a_{12} & \cdots & a_{1n} \\ a_{21} & a_{22} & \cdots & a_{2n} \\ \vdots & \vdots & & \vdots \\ a_{m1} & a_{m2} & \cdots & a_{mn} \end{bmatrix}$$

여기서 각 a_{ij}를 A의 i행 j열 **성분** 또는 (i, j) 성분이라고 하며, $a_{i1}, a_{i2}, \cdots, a_{in}$을 A의 i 번째 **행**(row), $a_{1j}, a_{2j}, \cdots, a_{mj}$를 A의 j 번째 **열**(column)이라고 한다. 특히 $m = n$이면 n차 **정사각행렬**(square matrix)이라 한다. $m = 1$인 경우 즉 하나의 가로로 늘어진 것을 **행벡터**(row vector), $n = 1$인 경우 즉 하나의 세로로 늘어진 것을 **열벡터**(column vector)라고 한다.

이러한 행렬의 집합은

$$R^{m \times n} = \{(a_{ij}) \mid a_{ij} \in R,\ i = 1, 2, \cdots, m,\ j = 1, 2, \cdots, n\}$$

으로 나타낸다. 행렬과 벡터 그리고 상수(또는 스칼라)를 나타내는 기호로는 특별한 설명이 없는 한 행렬은 영문 대문자 $A, B, X, \cdots$, 벡터는 영문 소문자 $a, b, x, y, \cdots$, 그리고 상수를 뜻하는 스칼라는 그리스 소문자 α, β, δ, $\cdots$를 사용한다.

크기가 같은 행렬들의 덧셈과 스칼라 곱셈은 같은 위치의 성분끼리 연산을 한다.

정의 2.2

$A=(a_{ij})_{m\times n}$이고 $B=(b_{ij})_{m\times n}$이다. 행렬의 연산은 모든 i와 j에 대하여 다음과 같이 한다.

(1) $A=B \Leftrightarrow a_{ij}=b_{ij}$

(2) $A+B=(a_{ij}+b_{ij})$

(3) 상수 $\alpha\in R$에 대하여, $\alpha A=(\alpha a_{ij})$

행렬과 행렬의 덧셈이나 상수와의 곱셈은 수의 덧셈이나 곱셈과 동일한 성질을 갖고 있어 교환법칙과 결합법칙이 성립한다.

예제 | 2.5

$A=\begin{pmatrix}1 & -2 & 3\\ 0 & 5 & 6\end{pmatrix}$이고 $B=\begin{pmatrix}1 & 3 & 0\\ -2 & 1 & 2\end{pmatrix}$일 때

(1) $2B=\begin{pmatrix}2 & 6 & 0\\ -4 & 2 & 4\end{pmatrix}$ (2) $A+B=\begin{pmatrix}2 & 1 & 3\\ -2 & 6 & 8\end{pmatrix}$ (3) $A-2B=\begin{pmatrix}-1 & -8 & 3\\ 4 & 3 & 2\end{pmatrix}$

```
>> A=[1 -2 3; 0 5 6]; B=[1 3 0; -2 1 2];
>> A-2*B
ans =
  -1  -8   3
   4   3   2
```

정의 2.3

$A=(a_{ij})_{m\times l}, B=(b_{ij})_{l\times n}$일 때 두 행렬의 곱 $AB=(c_{ij})_{m\times n}$은 다음과 한다.

$$c_{ij}=\sum_{k=1}^{l} a_{ik}b_{kj}$$

두 행렬의 곱은 앞 행렬의 열의 크기와 뒤 행렬의 행의 크기가 같을 때만 할 수 있다. 두 행렬의 곱의 (i,j) 성분인 c_{ij}는 행렬 A의 i 행과 행렬 B의 j 열에서 같은 위치의 성분끼리 곱하여 합한 것이다. 즉 A의 i 번째 행벡터를 A_i, B의 j 번째 열벡터를 B^j라고 하면 c_{ij}는 A_i와 B^j의 곱이다.

$$AB=\begin{pmatrix} A_1 \\ A_2 \\ \vdots \\ A_m \end{pmatrix}(B^1\ B^2 \cdots\ B^n)=\begin{pmatrix} A_1B^1 & A_1B^2 & \cdots & A_1B^n \\ A_2B^1 & A_2B^2 & \cdots & A_2B^n \\ \vdots & \vdots & \ddots & \vdots \\ A_mB^1 & A_mB^2 & \cdots & A_mB^n \end{pmatrix}$$

수와 달리 행렬의 곱에서는 교환법칙 $AB \neq BA$이 성립하지 않는다.

예제 | 2.6

$A=\begin{pmatrix} 1 & 2 & 0 \\ 0 & 5 & 6 \end{pmatrix}$, $B=\begin{pmatrix} 1 & 2 \\ -1 & 0 \\ 0 & 4 \end{pmatrix}$이면 $AB=\begin{pmatrix} -1 & 2 \\ -5 & 24 \end{pmatrix}$, $BA=\begin{pmatrix} 1 & 12 & 12 \\ -1 & -2 & 0 \\ 0 & 20 & 24 \end{pmatrix}$로 서로 다르다.

```
>> A=[1 2 0; 0 5 6]; B=[1 2; -1 0; 0 4];
>> A*B      % B*A
ans =
   -1    2
   -5   24
```

정의 2.4

n차 정사각행렬에서 대각선에 있는 성분이 모두 1이고 나머지 성분이 모두 0인 행렬을 항등행렬(identity matrix)이라고 하며 I_n 또는 간단히 I로 나타낸다.

행렬에 항등행렬을 곱하여도 변하지 않는다. 즉 $AI = IA = A$로 항등행렬은 수에 있어서 1에 해당하는 성질을 갖고 있다. 행렬의 곱셈 역시 수의 곱셈처럼 결합법칙과 분배법칙이 성립한다. 그러나 수와는 달리 $AB = AC$라고 해서 $B = C$가 되지 않을 수도 있으며 $AB = 0$이라고 해서 $A = 0$ 또는 $B = 0$이라고 할 수 없다.

정의 2.5

$A=(a_{ij})_{m\times n}$의 열과 행을 바꾼 행렬을 A의 전치행렬(transpose matrix)이라고 하며 A^T로 나타낸다. 즉 A^T의 (i,j) 성분은 a_{ji}이다.

$$A^T=\begin{pmatrix} a_{11} & a_{21} & \cdots & a_{m1} \\ a_{12} & a_{22} & \cdots & a_{m2} \\ \vdots & \vdots & & \vdots \\ a_{1n} & a_{2n} & \cdots & a_{mn} \end{pmatrix}_{n\times m}$$

예를 들어, $A=\begin{pmatrix} 2 & 6 & 0 \\ 8 & 6 & 4 \end{pmatrix}$이면 $A^T=\begin{pmatrix} 2 & 8 \\ 6 & 6 \\ 0 & 4 \end{pmatrix}$이고, $u=\begin{pmatrix} 1 \\ 2 \end{pmatrix}$이면 $u^T=(1,\ 2)$이다. 전치행렬의 곱셈은 $(AC)^T=C^TA^T$로 순서가 바뀐다. 예를 들어 $A=\begin{pmatrix} 1 & 2 & 0 \\ 0 & 5 & 6 \end{pmatrix}$이고 $B=\begin{pmatrix} 1 & 2 \\ -1 & 0 \\ 0 & 4 \end{pmatrix}$이면 $AB=\begin{pmatrix} -1 & 2 \\ -5 & 24 \end{pmatrix}$이다. 따라서 $(AB)^T=\begin{pmatrix} -1 & -5 \\ 2 & 24 \end{pmatrix}$이고 B^TA^T $=\begin{pmatrix} 1 & -1 & 0 \\ 2 & 0 & 4 \end{pmatrix}\begin{pmatrix} 1 & 0 \\ 2 & 5 \\ 0 & 6 \end{pmatrix}=\begin{pmatrix} -1 & -5 \\ 2 & 24 \end{pmatrix}$로 서로 같다.

```
>> A=[1 2 0; 0 5 6]; B=[1 2; -1 0; 0 4];
>> (A*B)'              % '은 전치행렬 명령어이다.
ans =
    -1    -5
     2    24
>> B'*A'
ans =
    -1    -5
     2    24
```

정의 2.6

정사각행렬 A에 대하여 $AB=BA=I$인 행렬 B가 있으면 A를 정칙행렬(nonsingular matrix)이라 하고 B를 A의 역행렬(inverse matrix)이라 하며 $B=A^{-1}$로 나타낸다.

예제 | 2.7

$$\begin{pmatrix} 2 & 4 \\ 3 & 1 \end{pmatrix}\begin{pmatrix} -\frac{1}{10} & \frac{2}{5} \\ \frac{3}{10} & -\frac{1}{5} \end{pmatrix}=\begin{pmatrix} 1 & 0 \\ 0 & 1 \end{pmatrix}, \begin{pmatrix} -\frac{1}{10} & \frac{2}{5} \\ \frac{3}{10} & -\frac{1}{5} \end{pmatrix}, \begin{pmatrix} -\frac{1}{10} & \frac{2}{5} \\ \frac{3}{10} & -\frac{1}{5} \end{pmatrix}$$

```
>> A=[2 4; 3 1]; B=inv(A);    % B 뒤에 있는 ;를 삭제하면 역행렬을 알 수 있다.
>> A*B
ans =
   1   0
   0   1
```

일반적으로 2×2 행렬 $A=\begin{pmatrix} a & b \\ c & d \end{pmatrix}$의 역행렬은 $ad-bc\neq 0$이면

$$A^{-1}=\frac{1}{ad-bc}\begin{pmatrix} d & -b \\ -c & a \end{pmatrix}$$

이다. 따라서 $\begin{pmatrix} 2 & 4 \\ 3 & 1 \end{pmatrix}^{-1}=-\frac{1}{10}\begin{pmatrix} 1 & -4 \\ -3 & 2 \end{pmatrix}$이다.

정칙행렬의 역행렬은 단 하나 존재하며 전치행렬의 곱처럼 행렬의 곱의 역행렬도 그 순서가 바뀌어 $(AB)^{-1}=B^{-1}A^{-1}$와 같다. 연립방정식 $Ax=b$의 해의 존재성은 행렬 A의 성질에 달려있음이 다음 정리에 의하여 알 수 있다.

정리 2.1

다음은 모두 같은 뜻이다.

(1) A는 정칙행렬이다.

(2) $Ax=b$의 해는 $x=A^{-1}b$로 유일하다.

(3) $Ax=0$의 해는 $x=0$ 뿐이다.

행이나 열이 하나로 이루어진 행렬을 일반적으로 벡터(vector)라고 한다. 인공지능에서는 글자인 단어들을 일렬로 늘어놓아 벡터로 취급하여 다룬다. 이를 단어벡터라 하는데 구글의 Word2Vec은 모든 영어 단어를 수치로 기술해준다. 단어를 수치 벡터로 바꾸면 바로 수학

연산을 할 수 있다. n차원 공간의 점 $(x_1, x_2, \cdots, x_n)$을 n차원 벡터라 하며 다음과 같이 행벡터 또는 열벡터 두 가지 형태로 나타낸다.

$$(x_1, x_2, \cdots, x_n), \begin{pmatrix} x_1 \\ x_2 \\ \vdots \\ x_n \end{pmatrix}$$

이러한 벡터의 집합을 R^n이라고 한다.

$$\begin{aligned} R^n &= \{(x_1, x_2, \cdots, x_n) \mid x_1, x_2, \cdots, x_n \in R\} \\ &= \left\{ \begin{pmatrix} x_1 \\ x_2 \\ \vdots \\ x_n \end{pmatrix} \middle| \ x_1, x_2, \cdots, x_n \in R \right\} \end{aligned}$$

정의 2.7

벡터 $u, v \in R^n$의 **내적**(inner product, dot product)은 다음과 같이 정의한다.

$$u \cdot v = u_1 v_1 + \cdots + u_n v_n$$

즉 내적은 두 벡터의 곱으로 $u \cdot v$는 $< u, v >$라고도 나타내며 전치행렬을 이용하여 행렬의 곱처럼 $u^T v$ 또는 $v^T u$로 나타낸다.

예제 | 2.8

$u = \begin{pmatrix} 1 \\ 2 \end{pmatrix}$, $v = \begin{pmatrix} -2 \\ 1 \end{pmatrix}$, $w = \begin{pmatrix} 4 \\ 3 \end{pmatrix}$일 때

(1) $u + v = \begin{pmatrix} -1 \\ 3 \end{pmatrix}$, $w - v = \begin{pmatrix} 6 \\ 2 \end{pmatrix}$, $u + 2w = \begin{pmatrix} 9 \\ 8 \end{pmatrix}$

(2) $u \cdot v = 0$, $< v, w > = -5$, $w^T u = 10$, $w \cdot w = 25$

```
>> u=[1; 2]; w=[4; 3]; dot(w, u)     % w'*u
ans =
    10    10
```

정의 2.8

벡터 $x_1,\ x_2,\ \cdots,\ x_k \in R^n$과 상수 $\alpha_1,\ \alpha_2,\ \cdots,\ \alpha_k$에 대하여

(1) $\alpha_1 x_1 + \alpha_2 x_2 + \cdots + \alpha_k x_k$을 $x_1,\ x_2,\ \cdots,\ x_k$의 일차결합(linear combination)이라고 한다.

(2) 벡터의 일차결합이 영벡터 0이면 반드시 모든 계수가 0이 될 때, 즉

$$\alpha_1 x_1 + \alpha_2 x_2 + \cdots + \alpha_n x_n = 0 \ \Rightarrow \ \alpha_1 = \cdots = \alpha_n = 0$$

벡터 $x_1,\ x_2,\ \cdots,\ x_k$을 일차독립(linearly independent)이라고 한다.

(3) 적어도 0이 아닌 상수 α_i가 존재하여, 일차결합 $\alpha_1 x_1 + \alpha_2 x_2 + \cdots + \alpha_k x_k = 0$이 되면 벡터 $x_1,\ x_2,\ \cdots,\ x_k$을 일차종속(linearly dependent)이라고 한다.

벡터들이 일차종속이면 그 벡터들은 자신을 제외한 다른 벡터들의 일차결합으로 만들 수 있다. 그러한 벡터를 모두 배제하면 남아있는 벡터들은 일차독립이 된다.

예제 | 2.9

(1) $\{e_1,\ e_2,\ \cdots,\ e_n\}$은 일차독립이다. 여기서 $e_i \in R^n$는 i 번째 성분만 1이고 나머지 성분은 모두 0인 표준단위벡터이다.

(2) $\left\{\begin{pmatrix}1\\0\\0\\0\end{pmatrix}, \begin{pmatrix}1\\1\\0\\0\end{pmatrix}, \begin{pmatrix}1\\1\\1\\0\end{pmatrix}, \begin{pmatrix}1\\1\\1\\1\end{pmatrix}, \begin{pmatrix}4\\3\\2\\1\end{pmatrix}\right\}$은 일차종속이다. 왜냐하면

$\begin{pmatrix}4\\3\\2\\1\end{pmatrix} = \begin{pmatrix}1\\0\\0\\0\end{pmatrix} + \begin{pmatrix}1\\1\\0\\0\end{pmatrix} + \begin{pmatrix}1\\1\\1\\0\end{pmatrix} + \begin{pmatrix}1\\1\\1\\1\end{pmatrix}$이기 때문이다. 이 벡터를 제외한

$\left\{\begin{pmatrix}1\\0\\0\\0\end{pmatrix}, \begin{pmatrix}1\\1\\0\\0\end{pmatrix}, \begin{pmatrix}1\\1\\1\\0\end{pmatrix}, \begin{pmatrix}1\\1\\1\\1\end{pmatrix}\right\}$은 일차독립이다.

정리 2.2

A가 정칙행렬이면 A의 열(또는 행)벡터는 일차독립이며 역도 성립한다.

상수의 크기는 절대값을 사용하는 것처럼 벡터 $u \in R^n$의 크기를 나타내는 척도로 절대값을 일반화한 노름이라는 용어를 사용한다.

정의 2.9

다음을 벡터 $u \in R^n$의 노름(norm)이라 한다.

(1) L1 노름 : $\| u \|_1 = | u_1 | + | u_2 | + \cdots + | u_n |$

(2) L2 노름 : $\| u \|_2 = \sqrt{u_1^2 + u_2^2 + \cdots + u_n^2}$

(3) 최대 노름 : $\| u \|_\infty = \max\{| u_1 |, | u_2 |, \cdots, | u_n |\}$

예를 들면 $u = \begin{pmatrix} 3 \\ -4 \end{pmatrix}$의 노름은 각각 $\| u \|_1 = 7$, $\| u \|_2 = 5$, $\| u \|_\infty = 4$가 된다.

```
>> u=[3 4];
>> [norm(u,1), norm(u,2) norm(u,inf)]
ans =
   7   5   4
```

두 수의 거리(또는 차)는 절대값을 이용하는 것처럼 두 벡터 사이의 거리는 노름을 이용하여 정의한다.

정의 2.10

벡터 $u \in R^n$와 $v \in R^n$의 거리는 $\| u - v \|$이다.

$n = 1$인 경우 노름은 절대값과 같다. 노름은 벡터의 길이가 되고, 벡터 간의 거리는 두 벡터의 차의 크기로 한 벡터의 끝에서 다른 벡터의 끝까지 잇는 벡터의 길이가 된다. 두 상수 α와 β의 거리 $| \alpha - \beta |$가 작으면 작을수록 α와 β는 가깝다고 하는 것처럼 벡터 간의 거리 $\| u - v \|$가 작으면 작을수록 벡터 u와 v는 가깝다고 한다.

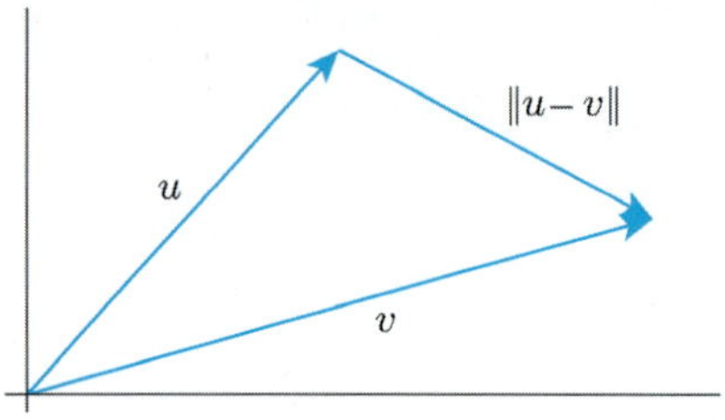

예제 | 2.10

$u=\begin{pmatrix}1\\4\\-6\end{pmatrix}$, $v=\begin{pmatrix}-2\\1\\1\end{pmatrix}$이면 $u-v=\begin{pmatrix}3\\3\\-7\end{pmatrix}$이고 노름은 각각 다음과 같다.

(1) $\| u-v \|_1 = 17$ (2) $\| u-v \|_2 = \sqrt{9+9+49} = \sqrt{67}$ (3) $\| u-v \|_\infty = 7$

$< u, u > = u^T u = \| u \|_2^2$이므로 L2 노름은 $\| u \|_2 = \sqrt{u^T u}$로 나타낼 수 있다. 두 벡터 $u, v \in R^n$의 사잇각을 θ라고 하면 내적은 두 벡터의 노름의 곱으로 다음과 같다.

$$< u, v > = \| u \|_2 \| v \|_2 \cos\theta$$

따라서

$$| < u, v > | \le \| u \|_2 \| v \|_2$$

이 성립하다. 따라서 두 벡터의 내적을 알면 그 사잇각을 알 수 있다. 사잇각은 유사도라고도 하며 벡터 간의 거리가 얼마나 가까운지 알 수 있다.

$$\cos\theta = \frac{< u, v >}{\| u \|_2 \| v \|_2}$$

의 값이 예각이면 $< u, v >$는 양수이고, 둔각이면 $< u, v >$이 음수가 된다. 벡터 u와 v가 수직으로 만나면 두 벡터의 내적은 0이고, 또한 내적이 0이면 $\theta = \frac{\pi}{2}$로 두 벡터는 수직으로 만난다. -1이면 $\theta = \pi$로 두 벡터 u, v는 서로 반대 방향이고, 1이면 $\theta = 0$으로 같은 방향이다. 두 벡터 u와 v의 사잇각이 0에 가까울수록 두 벡터는 가까움을 알 수 있다.

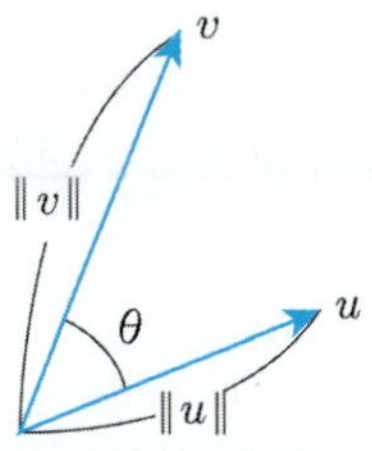

정리 2.3

u와 v가 직교하기 위한 필요충분조건은 $< u,\ v >= 0$이다.

예제 | 2.11

각 벡터의 사잇각이 예각, 직각, 둔각인지 알아보자.

(1) $(2,\ \sqrt{2},\ 4)$와 $(1,\ -\sqrt{2},\ 1)$의 내적은 양수이므로 예각이다.

(2) $(-1,\ 2,\ 3)$와 $(2,\ 1-2)$의 내적은 음수이므로 둔각이다.

(3) $(1-2,\ 1)$와 $(1,\ 1,\ 1)$의 내적은 0이므로 직각이다.

정리 2.4 코시-슈바르츠 부등식

임의의 벡터 $u,\ v \in R^n$에 대하여 다음이 성립한다.

$$| < u,\ v > | \le \| u \|_2 \| v \|_2$$

예제 | 2.12

$u = \begin{pmatrix} 1 \\ 0 \end{pmatrix},\ v = \begin{pmatrix} 1 \\ 1 \end{pmatrix}$이라고 하자. 그러면 $< u,\ v >= 1$이고 $\| u \|_2 = 1,\ \| v \|_2 = \sqrt{2}$이다. 따라서 $| < u,\ v > | \le \| u \|_2 \| v \|_2$이며, 사잇각이 $\frac{\pi}{4}$이므로 $< u,\ v >= \| u \|_2 \| v \|_2 \cos\frac{\pi}{4}$이다.

예제 | 2.13

$u = \begin{pmatrix} 2 \\ 3 \end{pmatrix},\ v = \begin{pmatrix} -3 \\ 2 \end{pmatrix}$이면 $< u,\ v >= 0$이므로 두 벡터는 직교한다.

정의 2.11

정사각행렬 A에 대하여 $A^TA = I$이면 A를 직교행렬(orthogonal matrix)이라 한다.

만일 A가 직교행렬이면 $A^T = A^{-1}$이고 $\| Ax \|_2 = \| x \|_2$이다. 왜냐하면

$$\| Ax \|_2^2 = (Ax)^T(Ax) = x^T(A^TA)x = x^TIx = \| x \|_2^2$$

이기 때문이다. 또한 행벡터들은 모두 크기가 1이고 서로 직교한다.

예제 | 2.14

$A = \begin{pmatrix} \frac{1}{2} & -\frac{\sqrt{3}}{2} \\ \frac{\sqrt{3}}{2} & \frac{1}{2} \end{pmatrix}$는 직교행렬이다. 왜냐하면

$$A^TA = \begin{pmatrix} \frac{1}{2} & \frac{\sqrt{3}}{2} \\ -\frac{\sqrt{3}}{2} & \frac{1}{2} \end{pmatrix}\begin{pmatrix} \frac{1}{2} & -\frac{\sqrt{3}}{2} \\ \frac{\sqrt{3}}{2} & \frac{1}{2} \end{pmatrix} = \begin{pmatrix} 1 & 0 \\ 0 & 1 \end{pmatrix} = I$$

이기 때문이다. 그리고 $\begin{pmatrix} \frac{1}{2} & -\frac{\sqrt{3}}{2} \\ \frac{\sqrt{3}}{2} & \frac{1}{2} \end{pmatrix}\begin{pmatrix} 2 \\ 2 \end{pmatrix} = \begin{pmatrix} 1-\sqrt{3} \\ \sqrt{3}+1 \end{pmatrix}$이고

$\left\| \begin{pmatrix} 2 \\ 2 \end{pmatrix} \right\| = \left\| \begin{pmatrix} 1-\sqrt{3} \\ \sqrt{3}+1 \end{pmatrix} \right\| = 2\sqrt{2}$로 $\| Ax \|_2 = \| x \|_2 =$이다.

2.3 가우스 소거법

다음과 같은 연립방정식은 행렬을 이용하면 연립방정식을 쉽게 나타낼 수 있다.

$$\begin{aligned} a_{11}x_1 + a_{12}x_2 + \cdots + a_{1n}x_n &= b_1 \\ a_{21}x_1 + a_{22}x_2 + \cdots + a_{2n}x_n &= b_2 \\ \vdots \qquad \vdots \qquad\quad \vdots \\ a_{m1}x_1 + a_{m2}x_2 + \cdots + a_{mn}x_n &= b_m \end{aligned}$$

$A=(a_{ij})_{m\times n}$, $x=(x_j)_{n\times 1}$이고 $b=(b_j)_{m\times 1}$로 놓으면 이 방정식은 $Ax=b$가 된다. 즉 연립방정식

$$\begin{aligned} x+2y+3z&=6 \\ 3x+2y+z&=0 \\ x-y+z&=1 \end{aligned}$$

은 $A=\begin{pmatrix}1&2&3\\3&2&1\\1&-1&1\end{pmatrix}$, $x=\begin{pmatrix}x\\y\\z\end{pmatrix}$이고 $b=\begin{pmatrix}6\\6\\1\end{pmatrix}$라 놓으면 $Ax=b$가 된다. 따라서 연립방정식의 해는 행렬의 성질을 이용하여 구할 수 있다.

연립방정식 $Ax=b$의 해를 구하기 위해서 행렬 A와 벡터 b를 같이 다루는 것이 편리한 경우가 있다. 즉 A 옆에 b를 덧붙인다.

정의 2.12

행렬 $A=(a_{ij})_{m\times n}$에 벡터 $b=(b_1,\ b_2,\ \cdots,\ b_m)^T$를 아래와 같이 덧붙인 행렬을$(A|b)$로 나타내며 이 행렬을 A에 b를 덧붙인 행렬(augmented matrix)이라 한다.

$$(A\mid b)=\begin{pmatrix} a_{11} & a_{12} & \dots & a_{1n} & b_1 \\ a_{21} & a_{22} & \dots & a_{2n} & b_2 \\ \vdots & \vdots & & \vdots & \vdots \\ a_{m1} & a_{m2} & \dots & a_{mn} & b_m \end{pmatrix}$$

예를 들면 $A=\begin{pmatrix}2&3&0\\4&3&2\end{pmatrix}$에다 $b=\begin{pmatrix}1\\4\end{pmatrix}$을 덧붙이면 $(A\mid b)=\begin{pmatrix}2&3&0&1\\4&3&2&4\end{pmatrix}$이고, $\begin{pmatrix}1&2&1\\2&1&0\\3&2&2\end{pmatrix}$에 $\begin{pmatrix}4\\3\\7\end{pmatrix}$을 덧붙이면 $\begin{pmatrix}1&2&1&4\\2&1&0&3\\3&2&2&7\end{pmatrix}$이 된다. $\begin{pmatrix}1&2&1\\2&1&0\\3&2&2\end{pmatrix}\begin{pmatrix}x\\y\\z\end{pmatrix}=\begin{pmatrix}4\\3\\7\end{pmatrix}$에서 A에 b를 덧붙인 행렬은 $(A|b)=\begin{pmatrix}1&2&1&4\\2&1&0&3\\4&2&2&8\end{pmatrix}$이다. 이 덧붙인 행렬의 처음 두 행을 교환하고, 한 행에 0이 아닌 상수 곱하며, 한 행에 상수를 곱하여 다른 행에 더해도 해는 같다. 이와 같은 과정을 기본행 연산(elementary row operations)이라 하며 이 과정을 거쳐 나온 연립방정식의 해는 모두 같다.

기본행 연산

(1) 행과 행을 바꾼다.

(2) 한 행에 0이 아닌 상수를 곱한다.

(3) 한 행에 상수를 곱하여 다른 행에 더한다.

연립방정식

$$\begin{aligned} a_{11}x_1 + a_{12}x_2 + \cdots + a_{1n}x_n &= b_1 \\ a_{21}x_1 + a_{22}x_2 + \cdots + a_{2n}x_n &= b_2 \\ \vdots \qquad \vdots \qquad\qquad \vdots \\ a_{m1}x_1 + a_{m2}x_2 + \cdots + a_{mn}x_n &= b_m \end{aligned}$$

의 덧붙인 행렬은

$$(A \mid b) = \begin{pmatrix} a_{11} & a_{12} & \ldots & a_{1n} & b_1 \\ a_{21} & a_{22} & \ldots & a_{2n} & b_2 \\ \vdots & \vdots & & \vdots & \vdots \\ a_{m1} & a_{m2} & \ldots & a_{mn} & b_m \end{pmatrix}$$

이 된다. 덧붙인 행렬에 기본행 연산을 반복하여 수행하면 계수행렬 A를 위삼각행렬 U로 변환하여 동치인 연립방정식으로 만들 수 있다. U의 맨 옆에 있는 벡터는 b에 대응하는 벡터 b'이다. 위삼각행렬 방정식 $Ux = b'$의 해는 역으로 쉽게 구할 수 있다. 이와 같은 방법을 가우스 소거법(Gauss elimination method)이라 한다.

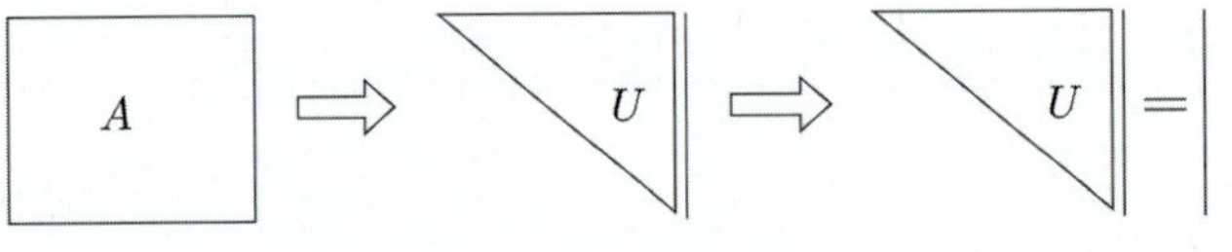

예제 | 2.15

다음 방정식의 해를 가우스 소거법으로 구하여 보자.

$$\begin{pmatrix} 1 & 2 & 1 \\ 2 & 1 & 0 \\ 4 & 2 & 2 \end{pmatrix} \begin{pmatrix} x \\ y \\ z \end{pmatrix} = \begin{pmatrix} 4 \\ 3 \\ 8 \end{pmatrix}$$

풀이

이 연립방정식의 덧붙인 행렬은

$$(A|b)=\begin{pmatrix}1&2&1&4\\2&1&0&3\\4&2&2&8\end{pmatrix}$$

이다. 이 행렬의 1행×(-2)을 2행에 더하고, 1행×(-4)을 3행에 더하면

$$\begin{pmatrix}1&2&1&4\\0&-3&-2&-5\\0&-6&-2&-8\end{pmatrix}$$

을 얻고, 다시 이 행렬의 2행×(-2)을 3행에 더하면

$$\begin{pmatrix}1&2&1&4\\0&-3&-2&-5\\0&0&2&2\end{pmatrix}$$

을 얻는다. 역으로 구하면 해는

$$\begin{aligned}z&=\frac{2}{2}=1\\y&=\frac{(-5+2z)}{(-3)}=1\\x&=4-z-2y=1\end{aligned}$$

이 된다.

```
>> A=[1 2 1 4; 2 1 0 3; 4 2 2 8];
>> A(2,:)=A(1,:)*(-2)+A(2,:); A(3,:)=A(1,:)*(-4)+A(3,:); A;
>> A(3,:)=A(2,:)*(-2)+A(3,:); A; % 끝에 ;을 삭제하면 중간 과정을 볼 수 있다.
>> b=A(:,4); A=A(:,1:3); x=A\b
x =
    1
    1
    1
```

예제 | 2.16

다음 연립방정식의 해가 없음을 소거법으로 살펴보자.

$$\begin{aligned} 8y-4z&=4 \\ 2x-3y+2z&=2 \\ 5x-8y+7z&=2 \end{aligned}$$

풀이

덧붙인 행렬은 다음과 같다.

$$\begin{pmatrix} 0 & 1 & -4 & 4 \\ 2 & -3 & 2 & 2 \\ 5 & -8 & 7 & 2 \end{pmatrix}$$

이 해열의 첫 행과 두 번째 행을 교환하면

$$\begin{pmatrix} 2 & -3 & 2 & 2 \\ 0 & 1 & -4 & 4 \\ 5 & -8 & 7 & 2 \end{pmatrix}$$

이다. 이 행렬의 첫 행에 $-\frac{5}{2}$를 곱하여 세 번째 행에 더하면

$$\begin{pmatrix} 2 & -3 & 2 & 2 \\ 0 & 1 & -4 & 4 \\ 0 & -1/2 & 2 & -3 \end{pmatrix}$$

이다. 이 행렬의 세 번째 행에 -2를 곱하면

$$\begin{pmatrix} 2 & -3 & 2 & 2 \\ 0 & 1 & -4 & 4 \\ 0 & 1 & -4 & 6 \end{pmatrix}$$

이다. 이 행렬의 두 번째 행에 -1를 곱하여 세 번째 행에 더하면

$$\begin{pmatrix} 2 & -3 & 2 & 2 \\ 0 & 1 & -4 & 4 \\ 0 & 0 & 0 & 2 \end{pmatrix}$$

이 되어 이 방정식을 만족하는 해는 없다.

$Ax=b$의 해를 구하는 가우스 소거법의 알고리즘은 다음과 같다.

$A=[\,A\ b\,]$; % 덧붙인 행렬 A를 동치인 위삼각행렬 $[U\ b']$로 변환 $Ux=b'$의 해를 구함

기본행 연산을 더 반복하면 정칙행렬의 경우 대각성분이 모두 1이고 나머지 성분은 모두 0인 항등행렬로 만들 수 있다. 이럴 경우 오른쪽의 벡터가 해가 된다. 이러한 방법을 가우스 조르당 방법이라고 한다. 옥타브 명령어 rref는 가우스 조르당 방법을 적용한다. 정칙행렬이 아니면 해가 없을 수도 또는 많을 수도 있다. rref의 결과를 보고 해를 판단할 수 있다.

```
>> A=[1 3 1;2 1 1;4 0 2]; a=[2 3 6]';
>> A=[A a]; rref(A)    % 해가 하나인 경우
ans =
   1   0   0   1
   0   1   0   0
   0   0   1   1
>> B=[0 1 -4; 2 -3 2; 5 -8 7]; b=[4 2 2]';
>> B=[B b]; rref(B)    % 해가 없는 경우
ans =
   1   0  -5   0
   0   1  -4   0
   0   0   0   1
>> C=[0 1 0 -1; 1 -1 3 -1; 1 1 1 1]; c=[0 -2 2]';
>> C=[C c]; rref(C)    % 해가 많은 경우
ans =
   1   0   0   4   4
   0   1   0  -1   0
   0   0   1  -2  -2
```

2.4 행렬식

정사각행렬 $A \in R^{n \times n}$의 행렬식은 $\det(A)$ 또는 $|A|$로 나타낸다. $n=1$인 $A=(a)$의 경우 $\det(A)=a$로 정의한다. 이하 나오는 모든 행렬은 정사각행렬이다.

정의 2.13

행렬 $A=\begin{pmatrix} a_{11} & a_{12} \\ a_{21} & a_{22} \end{pmatrix}$의 행렬식(determinant)은 다음과 같이 정의한다.

$$\det(A) = \begin{vmatrix} a_{11} & a_{12} \\ a_{21} & a_{22} \end{vmatrix} = a_{11}a_{22} - a_{12}a_{21}$$

예제 | 2.17

(1) $A=\begin{pmatrix} 1 & 2 \\ 3 & 4 \end{pmatrix}$, $\det(A)=4-6=-2$

(2) $A^T=\begin{pmatrix} 1 & 3 \\ 2 & 4 \end{pmatrix}$, $\det(A^T)=4-6=-2$

(3) $B=\begin{pmatrix} 2 & 1 \\ 4 & 3 \end{pmatrix}$, $\det(B)=6-4=2$

(4) $C=\begin{pmatrix} 3 & 4 \\ 1 & 2 \end{pmatrix}$, $\det(C)=6-4=2$

크기가 2인 행렬의 행렬식을 이용하여 그 보다 큰 행렬의 행렬식을 다음과 같이 연쇄적으로 정의한다.

정의 2.14

$A \in R^{n \times n}$에서 A의 i 행과 j 열을 뺀 나머지 성분으로 이루어진 크기가 $n-1$인 행렬을 A_{ij}라고 하자. 이때 $\det(A_{ij})$를 A의 (i, j)번째 소행렬식이라고 한다.

예를 들어 $A=\begin{pmatrix}1&2&3\\4&5&6\\7&8&9\end{pmatrix}$의 일부 소행렬식은 다음과 같다.

$$A_{11}=\begin{vmatrix}5&6\\8&9\end{vmatrix}=-3,\ A_{12}=\begin{vmatrix}4&6\\7&9\end{vmatrix}=-6,\ A_{13}=\begin{vmatrix}4&5\\7&8\end{vmatrix}=-3,\ A_{31}=\begin{vmatrix}2&3\\5&6\end{vmatrix}=-3$$

정의 2.15

크기가 n인 행렬 $A=(a_{ij})$의 행렬식은 첫 번째 행을 중심으로 아래와 같이 나타낼 수 있다.

$$\det(A)=a_{11}\det(A_{11})-a_{12}\det(A_{12})+\cdots+(-1)^{1+n}a_{1n}\det(A_{1n})$$

예를 들어 행렬 $\begin{pmatrix}1&3&5\\-2&0&1\\3&2&-1\end{pmatrix}$의 행렬식은 다음과 같다.

$$\begin{vmatrix}1&3&5\\-2&0&1\\3&2&-1\end{vmatrix}=\begin{vmatrix}0&1\\2&-1\end{vmatrix}-3\begin{vmatrix}-2&1\\3&-1\end{vmatrix}+5\begin{vmatrix}-2&0\\3&2\end{vmatrix}$$

$$=-2-3(2-3)+5(-4)=-19$$

크기가 3인 $A=(a_{ij})$의 행렬식은 소행렬식을 이용하여 다음과 같이 나타낼 수 있다.

$$|A|=a_{11}\begin{vmatrix}a_{22}&a_{23}\\a_{32}&a_{33}\end{vmatrix}-a_{12}\begin{vmatrix}a_{21}&a_{23}\\a_{31}&a_{33}\end{vmatrix}+a_{13}\begin{vmatrix}a_{21}&a_{22}\\a_{31}&a_{32}\end{vmatrix}$$

이 식을 전개하면

$$|A|=(a_{11}a_{22}a_{33}+a_{12}a_{23}a_{31}+a_{13}a_{21}a_{32})-(a_{13}a_{22}a_{31}+a_{12}a_{21}a_{33}+a_{11}a_{23}a_{32})$$

이 되어, 왼쪽 위에서 오른쪽 아래로 대각성분 세 개를 곱하여 모두 합한 값에서 오른쪽 위에서 왼쪽 아래로 대각성분 세 개를 곱한 것을 모두 빼는 형태로 계산할 수 있다.

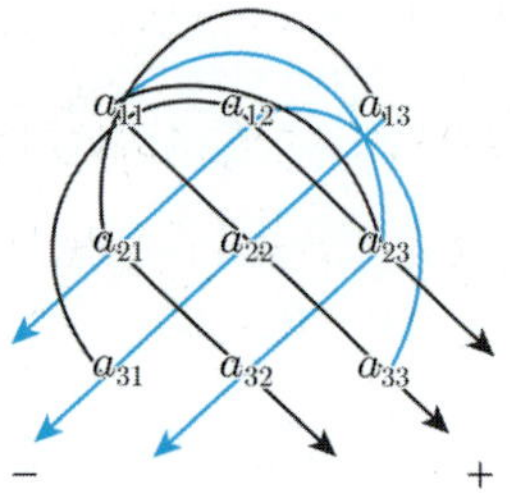

예제 | 2.18

$\begin{vmatrix} 1 & 2 & 3 \\ 2 & 3 & 4 \\ 3 & 4 & 5 \end{vmatrix}$을 두 가지 방법으로 구하면 다음과 같이 서로 같다.

$$(1)\ \begin{vmatrix} 1 & 2 & 3 \\ 2 & 3 & 4 \\ 3 & 4 & 5 \end{vmatrix} = \begin{vmatrix} 3 & 4 \\ 4 & 5 \end{vmatrix} - 2\begin{vmatrix} 2 & 4 \\ 3 & 5 \end{vmatrix} + 3\begin{vmatrix} 2 & 3 \\ 3 & 4 \end{vmatrix}$$
$$= (15-16) - 2(10-12) + 3(8-9)$$
$$= 0$$

$$(2)\ \begin{vmatrix} 1 & 2 & 3 \\ 2 & 3 & 4 \\ 3 & 4 & 5 \end{vmatrix} = 15+24+24-(27+20+16) = 0$$

그러나 행렬의 크기가 4 이상인 경우는 위와 같이 대각성분을 곱하여 합하여 빼는 형태로 되지 않는다. 크기가 4 이상인 경우에는 반드시 소행렬식을 이용하여 행렬식을 구해야 한다.

행렬식을 굳이 첫 번째 행만 중심으로 할 필요는 없다. 임의의 행이나 열을 중심으로 다음과 같이 계산해도 그 결과는 같다.

정리 2.5

크기가 n인 행렬 $A=(a_{ij})$의 행렬식은 임의의 행 또는 열을 중심으로 다음과 같이 해도 그 값은 같다.

$$\begin{aligned} \det(A) &= a_{i1}C_{i1} + a_{i2}C_{i2} + \cdots + a_{in}C_{in} \\ &= a_{1j}C_{1j} + a_{2j}C_{2j} + \cdots + a_{nj}C_{nj} \end{aligned}$$

이 정리에 의해 행렬식은 첫 행이 아닌 첫 열을 중심으로 구하여도 그 값은 같다.

$$\begin{aligned}\det(A) &= a_{11}C_{11} + a_{21}C_{21} + \cdots + a_{n1}C_{n1} \\ &= a_{11}\det(A_{11}) - a_{21}\det(A_{21}) + \cdots + (-1)^{n+1}a_{n1}\det(A_{n1})\end{aligned}$$

따라서 첫 번째 열을 중심으로 전개하면 다음과 같다.

$$\begin{vmatrix} 1 & 3 & 5 \\ -2 & 0 & 1 \\ 3 & 2 & -1 \end{vmatrix} = \begin{vmatrix} 0 & 1 \\ 2 & -1 \end{vmatrix} + 2\begin{vmatrix} 3 & 5 \\ 2 & -1 \end{vmatrix} + 3\begin{vmatrix} 3 & 5 \\ 0 & 1 \end{vmatrix}$$
$$= -2 + 2(-3-10) + 3(3) = -19$$

그러므로 행렬식을 계산할 때 가능한 0이 많이 포함되어 있는 행이나 열을 택하면 계산량을 줄일 수 있다. 특히 삼각행렬의 행렬식은 대각성분의 곱과 같음을 쉽게 보일 수 있다.

정리 2.6

삼각행렬의 행렬식은 대각성분의 곱과 같다.

따라서 대각행렬의 행렬식은 대각성분의 곱이며 항등행렬의 행렬식 $\det(I) = 1$이다.

예제 | 2.19

(1) $\begin{vmatrix} 1 & 0 & 0 & 0 \\ 2 & 2 & 0 & 0 \\ 3 & 2 & 3 & 0 \\ 4 & 3 & 2 & 4 \end{vmatrix} = 24$ (2) $\begin{vmatrix} 1 & 2 & 3 & 4 \\ 0 & 2 & 1 & 2 \\ 0 & 0 & 3 & 1 \\ 0 & 0 & 0 & 4 \end{vmatrix} = 24$

행렬의 기본행 연산을 이용하여 연립방정식의 해를 쉽게 구하듯이 행렬식에 기본행 연산을 적용하면 행렬식의 계산을 보다 쉽게 할 수 있다.

정리 2.7

행렬 A의 두 행(또는 열)을 바꾼 행렬을 B라 하면 $\det(B) = -\det(A)$이다.

이 결과에 의하여 두 행(또는 열)이 같으면 $\det(A) = -\det(A)$이므로 두 행(또는 열)이 같은 행렬의 행렬식은 0이 된다.

예제 | 2.20

(1) $\begin{vmatrix} -2 & 5 \\ 3 & 4 \end{vmatrix} = -8 - 15 = -23$　　(2) $\begin{vmatrix} 3 & 4 \\ -2 & 5 \end{vmatrix} = 15 - (-8) = 23$

(3) $\begin{vmatrix} 5 & -2 \\ 4 & 3 \end{vmatrix} = 15 - (-8) = 23$　　(4) $\begin{vmatrix} 4 & 5 \\ 4 & 5 \end{vmatrix} = 20 - 20 = 0$

행렬 $\begin{pmatrix} 1 & 2 \\ 3 & 4 \end{pmatrix}$의 한 행에 상수 2를 곱한 행렬의 행렬식은 $\begin{vmatrix} 2 & 4 \\ 3 & 4 \end{vmatrix} = -4 = 2\begin{vmatrix} 1 & 2 \\ 3 & 4 \end{vmatrix}$처럼 곱한 상수만큼 바뀌고, 행렬 자체에 상수 2를 곱하면 $\begin{vmatrix} 2 & 4 \\ 6 & 8 \end{vmatrix} = -8 = 2^2\begin{vmatrix} 1 & 2 \\ 3 & 4 \end{vmatrix}$으로 바뀐다. 즉 행렬에 상수를 곱한 행렬의 행렬식은 행렬의 크기만큼 상수를 거듭제곱한 것과 같다.

정리 2.8

크기가 n인 행렬 A의 한 행(또는 열)에 상수 k를 곱한 행렬을 B라 하면 다음과 같다.

(1) $\det(B) = k\det(A)$　　(2) $\det(kA) = k^n\det(A)$

예제 | 2.21

(1) $\begin{vmatrix} 1 & 2 \\ 3 & 4 \end{vmatrix} = -2$

(2) $\begin{vmatrix} -5 & -10 \\ 3 & 4 \end{vmatrix} = 10 = -5(-2)$

(3) $\begin{vmatrix} 5 & 10 \\ 15 & 20 \end{vmatrix} = -50 = 5^2(-2)$

한 행이 다른 행의 상수 배이면 $\begin{vmatrix} 1 & 2 \\ 3 & 6 \end{vmatrix} = 0$인 것처럼 행렬의 한 행(또는 열)이 다른 행의 상수 배이면 행렬식은 0이다.

정리 2.9

행렬 A의 한 행(또는 열)이 다른 행(열)의 상수 배이면 $\det(A) = 0$이다.

예제 | 2.22

(1) $\begin{vmatrix} 1 & 2 \\ 2 & 4 \end{vmatrix} = 0$ (2) $\begin{vmatrix} 1 & 3 \\ 3 & 9 \end{vmatrix} = 0$

(3) $\begin{vmatrix} 1 & 2 & 3 \\ 4 & 5 & 6 \\ 1 & 2 & 3 \end{vmatrix} = \begin{vmatrix} 5 & 6 \\ 2 & 3 \end{vmatrix} - 2\begin{vmatrix} 4 & 6 \\ 1 & 3 \end{vmatrix} + 3\begin{vmatrix} 4 & 5 \\ 1 & 2 \end{vmatrix} = 3 - 2(6) + 3(3) = 0$

(4) $\begin{vmatrix} 1 & 2 & 3 \\ 4 & 5 & 6 \\ 2 & 4 & 6 \end{vmatrix} = \begin{vmatrix} 5 & 6 \\ 4 & 6 \end{vmatrix} - 2\begin{vmatrix} 4 & 6 \\ 2 & 6 \end{vmatrix} + 3\begin{vmatrix} 4 & 5 \\ 2 & 4 \end{vmatrix} = 6 - 2(12) + 3(6) = 0$

행렬 $\begin{pmatrix} 1 & 2 \\ 3 & 4 \end{pmatrix}$의 첫 행에 -1을 곱한 것을 두 번째 행에 더한 $\begin{pmatrix} 1 & 2 \\ 2 & 2 \end{pmatrix}$의 행렬식은 -2로 변함이 없다. 이처럼 행렬의 한 행의 상수 배를 다른 행에 더한 행렬의 행렬식은 같다.

정리 2.10

행렬 A의 한 행(또는 열)의 상수 배를 다른 행(또는 열)에 더한 행렬의 행렬식은 변함이 없다.

예제 | 2.23

$\begin{pmatrix} 1 & 4 & 6 \\ 4 & 2 & 5 \\ 6 & 5 & 3 \end{pmatrix}$의 행렬식 $\begin{vmatrix} 1 & 4 & 6 \\ 4 & 2 & 5 \\ 6 & 5 & 3 \end{vmatrix} = 101$으로 다음 행렬식과도 같다.

(1) 첫 행에 -4를 곱하여 두 번째 행에 더한 행렬의 행렬식은

$$\begin{vmatrix} 1 & 4 & 6 \\ 0 & -14 & -19 \\ 6 & 5 & 3 \end{vmatrix} = \begin{vmatrix} -14 & -19 \\ 5 & 3 \end{vmatrix} + 6\begin{vmatrix} 4 & 6 \\ -14 & -19 \end{vmatrix}$$

(2) (1)의 행렬 첫 행에 -6를 곱하여 세 번째 행에 더한 행렬의 행렬식은

$$\begin{vmatrix} 1 & 4 & 6 \\ 0 & -14 & -19 \\ 0 & -19 & -33 \end{vmatrix} = \begin{vmatrix} -14 & -19 \\ -19 & -33 \end{vmatrix} = 462 - 361 = 101$$

행렬방정식에서 기본행 연산을 하면 해가 변하지 않으나 행렬식에서 다음과 같이 변한다.

행렬식에서 기본행 연산

(1) 두 행을 바꾼 행렬식은 부호가 바뀐다.
(2) 한 행에 상수 c를 곱한 행렬식은 원 행렬식에 c를 곱한 것과 같다.
(3) 한 행에 상수 c를 곱하여 다른 행에 더한 행렬식은 변함이 없다.

크기가 3인 행렬로 예를 들면 다음과 같다.

$$\begin{vmatrix} a & b & c \\ d & e & f \\ g & h & i \end{vmatrix} = -\begin{vmatrix} d & e & f \\ a & b & c \\ g & h & i \end{vmatrix},$$

$$\begin{vmatrix} a & b & c \\ \alpha d & \alpha e & \alpha f \\ g & h & i \end{vmatrix} = \alpha \begin{vmatrix} a & b & c \\ d & e & f \\ g & h & i \end{vmatrix},$$

$$\begin{vmatrix} a & b & c \\ d & e & f \\ g & h & i \end{vmatrix} = \begin{vmatrix} a & b & c \\ d & e & f \\ g+\alpha a & h+\alpha b & i+\alpha c \end{vmatrix}$$

가우스 소거법처럼 행렬에 기본행 연산을 적용하여 삼각행렬로 바꾸면 삼각행렬의 행렬식은 대각성분의 곱이므로 쉽게 행렬식을 구할 수 있다.

예제 | 2.24

기본행 연산을 이용하여 행렬식 $\begin{vmatrix} 1 & 2 & 3 \\ 4 & 5 & 6 \\ 3 & 0 & 1 \end{vmatrix}$ 을 구하여 보자,

(1) A 의 첫 행에 -4를 곱하여 두 번째 행에 더하여 주고 두 번째 행의 공약수 -3을 행렬식 밖으로 꺼내면

$$\begin{vmatrix} 1 & 2 & 3 \\ 4 & 5 & 6 \\ 3 & 0 & 1 \end{vmatrix} = \begin{vmatrix} 1 & 2 & 3 \\ 0 & -3 & -6 \\ 3 & 0 & 1 \end{vmatrix}$$

(2) 이 결과의 첫 행에 -3를 곱하여 세 번째 행에 더하여 주면

$$-3\begin{vmatrix} 1 & 2 & 3 \\ 0 & 1 & 2 \\ 3 & 0 & 1 \end{vmatrix} = -3\begin{vmatrix} 1 & 2 & 3 \\ 0 & 1 & 2 \\ 0 & -6 & -8 \end{vmatrix}$$

(3) 이 결과의 두 번째 행에 6을 곱하여 세 번째 행에 더하여 주면

$$-3\begin{vmatrix} 1 & 2 & 3 \\ 0 & 1 & 2 \\ 0 & -6 & -8 \end{vmatrix} = -3\begin{vmatrix} 1 & 2 & 3 \\ 0 & 1 & 2 \\ 0 & 0 & 4 \end{vmatrix} = -12$$

따라서 $\det(A) = -12$이다.

$A = \begin{pmatrix} 1 & 2 \\ 3 & 4 \end{pmatrix}$이면 $A^T = \begin{pmatrix} 1 & 3 \\ 2 & 4 \end{pmatrix}$이고 $\det(A^T) = \det(A) = -2$이다. 이처럼 모든 n에 대하여 행렬과 그 전치행렬의 행렬식은 서로 같다. 즉 $\det(A^T) = \det(A)$이다.

정리 2.11

$A, B \in R^{n \times n}$이면 $\det(AB) = \det(A)\det(B)$이다.

예제 | 2.25

$A = \begin{pmatrix} 2 & 1 \\ 1 & 3 \end{pmatrix}$, $B = \begin{pmatrix} -1 & 3 \\ 2 & -2 \end{pmatrix}$이면 $AB = \begin{pmatrix} 0 & 4 \\ 5 & -3 \end{pmatrix}$이다. 각 행렬식은 다음과 같다.

$$\det(A) = 5,\ \det(B) = -4,\ \det(AB) = -20$$

```
>> A=[2 1; 1 3]; B=[-2 3; 2 -1];
>> [det(A*B), det(B*A)]
ans =
  -20  -20
```

A가 정칙행렬이면 $1 = \det(I) = \det(AA^{-1}) = \det(A)\det(A^{-1})$이므로 $\det(A) \neq 0$이고 $\det(A^{-1}) = 1/\det(A)$이다.

정리 2.12

A가 정칙행렬이면 $\det(A) \neq 0$이고 $\det(A^{-1}) = 1/\det(A)$이다.

예를 들면 $A=\begin{pmatrix} 2 & 4 \\ 3 & 1 \end{pmatrix}$의 역행렬은 $A^{-1}=\begin{pmatrix} -\frac{1}{10} & \frac{2}{5} \\ \frac{3}{10} & -\frac{1}{5} \end{pmatrix}$이라 하였다. $\det(A)=-10$이므로 역행렬의 행렬식을 직접 계산한 결과 $\det(A^{-1})=-\frac{1}{10}$로 성립한다.

```
>> A=[2 4; 3 1];
>> [det(A), det(inv(A))]
ans =
  -10.00000    -0.10000
```

정리 2.13

다음은 모두 동치이다.

(1) A는 정칙행렬이다.

(2) 행렬 A의 열(또는 행)벡터는 일차독립이다.

(3) $Ax=b$의 해는 $x=A^{-1}b$로 유일하다.

(4) $Ax=0$의 해는 $x=0$뿐이다.

(5) $\det(A)\neq 0$이다.

2.5 고유치방정식과 거듭제곱방법

고유치방정식의 해법은 정사각행렬 A만 주어졌을 때 $Ax=\lambda x$를 만족하는 상수 λ와 벡터 x를 구하는 것이다. 예를 들어 $A=\begin{pmatrix} 1 & 0 \\ 2 & 3 \end{pmatrix}$이면 $u=\begin{pmatrix} -1 \\ 1 \end{pmatrix}$와 $v=\begin{pmatrix} 0 \\ 1 \end{pmatrix}$는 $Au=3u$와 $Av=1v$이다. 따라서 $\lambda=3$과 $x=u$ 그리고 $\lambda=1$과 $x=v$는 각각 방정식 $Ax=\lambda x$를 만족한다.

정의 2.16

정사각행렬 A에서 방정식 $Ax = \lambda x$를 만족하는 상수 λ를 A의 고유치(eigenvalue) 그리고 0이 아닌 벡터 x를 고유치 λ에 대응하는 A의 고유벡터(eigenvector)라고 한다.

고유벡터 u에 임의의 상수를 곱한 벡터, 예를 들어 $w = \begin{pmatrix} -3 \\ 3 \end{pmatrix}$도 $Aw = 3w$를 만족한다. 즉 $Ax = \lambda x$이면 임의의 상수 α에 대하여

$$A(\alpha x) = \alpha(Ax) = \alpha(\lambda x) = \lambda(\alpha x)$$

이므로 고유벡터에 0이 아닌 임의의 상수를 곱한 벡터는 모두 고유벡터이다. 행렬에 벡터를 곱하면 대부분 벡터의 방향이 변하나, 고유벡터의 경우 그 방향은 바뀌지 않고 크기만 달라지며, 이때 고유치가 음수이면 반대 방향을 향하는 벡터를 의미한다.

A가 정칙이면 $x = A^{-1}(Ax) = A^{-1}(\lambda x) = \lambda A^{-1}x$이 되어 $A^{-1}x = \frac{1}{\lambda}x$이다. 따라서 역행렬 A^{-1}의 고유치는 $\frac{1}{\lambda}$로 A의 고유치의 역수가 된다.

λ가 행렬 A의 고유치이면 $Ax = \lambda x$을 만족하는 0이 아닌 벡터 x가 있다. 즉, $(A - \lambda I)x = 0$이므로 행렬 $A - \lambda I$는 0이 아닌 해 x를 갖는다. 따라서 $A - \lambda I$는 정칙이 아니고 행렬식 $|A - \lambda I| = 0$이 된다. 마찬가지로 행렬식 $|A - \lambda I| = 0$이면 $Ax = \lambda x$을 만족하는 0이 아닌 벡터 x가 있으므로 다음과 같은 정리가 성립된다. 이때 $|A - \lambda I| = 0$을 행렬 A의 특성방정식이라 한다.

정리 2.14

λ가 행렬 A의 고유치이면 행렬식 $|A - \lambda I| = 0$이고 그 역도 성립한다.

예제 | 2.26

행렬 $A = \begin{pmatrix} 1 & 3 \\ 0 & 2 \end{pmatrix}$의 고유치, 고유벡터를 구하여 보자.

풀이

행렬 A의 특성방정식

$$p(\lambda)=|A-\lambda I|=\begin{vmatrix} 1-\lambda & 3 \\ 0 & 2-\lambda \end{vmatrix}$$
$$=(1-\lambda)(2-\lambda)=0$$

의 해는 $\lambda=1, 2$이므로 $\lambda_1=2$, $\lambda_2=1$이다. 한편 $\lambda_1=2$에 대응하는 A의 고유벡터는 방정식 $(A-\lambda_1 I)u=0$을 만족하므로

$$\begin{pmatrix} -1 & 3 \\ 0 & 0 \end{pmatrix}\begin{pmatrix} x \\ y \end{pmatrix}=0 \Rightarrow -x+3y=0$$

이 된다. 이 방정식을 만족하는 $u_1=\begin{pmatrix} 3 \\ 1 \end{pmatrix}$은 $\lambda_1=2$에 대응하는 A의 고유벡터이다. 같은 방법으로 $\lambda_2=1$에 대응하는 A의 고유벡터는 $u_2=\begin{pmatrix} 1 \\ 0 \end{pmatrix}$이다.

행렬 $A\in R^{n\times n}$의 특성방정식은 n차 방정식이므로 복소수 범위에서 n개의 고유치를 갖는다. 그러나 A가 대칭행렬이면 고유치는 모두 실수이며 고유벡터는 직교한다. 예를 들어 $\begin{pmatrix} 2 & 1 \\ 1 & 2 \end{pmatrix}$의 고유치방정식은 $p(\lambda)=\lambda^2-4\lambda+3=0$이므로 $\lambda=1,3$이다. $\lambda=1$과 $\lambda=3$에 대응하는 고유벡터는 각각

$$x+y=0,\ -x+y=0$$

을 만족하므로 각각에 대응하는 고유벡터는 $\begin{pmatrix} 1 \\ -1 \end{pmatrix}$과 $\begin{pmatrix} 1 \\ 1 \end{pmatrix}$이다. 두 벡터의 내적이 0이므로 직교한다.

정리 2.15

A가 대칭행렬이면 고유치는 모두 실수이고 고유벡터는 서로 직교한다.

정의 2.17

정사각행렬 A, B에 대하여 $B=C^{-1}AC$가 되는 정칙행렬 C가 있으면 A, B는 서로 **비슷한 행렬**(similar matrices)이라고 한다.

$B = C^{-1}AC$라고 하자. $\det(C^{-1}) = 1/\det(C)$이므로 B의 특성다항식 $p(\lambda)$은

$$|C^{-1}AC - \lambda I| = |C^{-1}(A-\lambda I)C| = |C^{-1}||A-\lambda I||C| = |A-\lambda I|$$

이므로 A의 특성다항식과 같다. 따라서 다음이 성립한다.

정리 2.16

비슷한 행렬의 고유치는 서로 같다.

행렬의 고유치는 이론적으로 그 행렬의 특성방정식의 근이다. 그러나 실질적으로 특성방정식의 근을 구하는 것은 좋은 방법이라 할 수 없다. 실제 문제에 있어서 주로 필요한 절대값이 가장 큰 고유치를 구하는 방법에 대하여 알아본다.

행렬 $A = \begin{pmatrix} 1 & 3 \\ 0 & 2 \end{pmatrix}$의 절대값이 가장 큰 고유치는 2이고 그에 대응하는 고유벡터는 $\begin{pmatrix} 3 \\ 1 \end{pmatrix}$이다. 초기벡터 $x_0 = \begin{pmatrix} 1 \\ 1 \end{pmatrix}$가 주어졌을 때 $A^k x_0$, $k = 1, 2, 3, 4$을 구하여보자.

$$Ax_0 = \begin{pmatrix} 1 & 3 \\ 0 & 2 \end{pmatrix}\begin{pmatrix} 1 \\ 1 \end{pmatrix} = \begin{pmatrix} 4 \\ 2 \end{pmatrix} = 2\begin{pmatrix} 2 \\ 1 \end{pmatrix}$$

$$A^2x_0 = A(Ax_0) = \begin{pmatrix} 1 & 3 \\ 0 & 2 \end{pmatrix}\begin{pmatrix} 4 \\ 2 \end{pmatrix} = \begin{pmatrix} 10 \\ 4 \end{pmatrix} = 4\begin{pmatrix} 2.5 \\ 1 \end{pmatrix}$$

$$A^3x_0 = A(A^2x_0) = \begin{pmatrix} 1 & 3 \\ 0 & 2 \end{pmatrix}\begin{pmatrix} 10 \\ 4 \end{pmatrix} = \begin{pmatrix} 22 \\ 8 \end{pmatrix} = 8\begin{pmatrix} 2.75 \\ 1 \end{pmatrix}$$

$$A^4x_0 = A(A^3x_0) = \begin{pmatrix} 1 & 3 \\ 0 & 2 \end{pmatrix}\begin{pmatrix} 22 \\ 8 \end{pmatrix} = \begin{pmatrix} 46 \\ 16 \end{pmatrix} = 16\begin{pmatrix} 2.875 \\ 1 \end{pmatrix}$$

이므로 $A^k x_0$은 반복할수록 점점 $\begin{pmatrix} 3 \\ 1 \end{pmatrix}$의 상수 배인, 즉 고유치 2에 대응하는 고유벡터에 가까워짐을 알 수 있다.

한편 $Ax = \lambda x$, $x \neq 0$이면

$$\frac{x^TAx}{x^Tx} = \frac{\lambda x^Tx}{x^Tx} = \lambda$$

이므로 만일 $\tilde{x}$가 절대값이 가장 큰 고유치 $\tilde{\lambda}$에 대응하는 고유벡터의 근사벡터라면 $\dfrac{\tilde{x}^TA\tilde{x}}{\tilde{x}^T\tilde{x}}$

은 $\tilde{\lambda}$의 근사값이 될 것이다. 즉 위의 예에서

$$\frac{x_1^T A x_1}{x_1^T x_1} = \frac{48}{20} = 2.4$$

$$\frac{x_2^T A x_2}{x_2^T x_2} = \frac{252}{116} = 2.1724$$

$$\frac{x_3^T A x_3}{x_3^T x_3} = \frac{1140}{548} = 2.0803$$

$$\frac{x_4^T A x_4}{x_4^T x_4} = \frac{4836}{2372} = 2.0388$$

이 되어 이 값은 점점 고유치 2에 수렴함을 알 수 있다. 이와 같은 방법을 거듭제곱방법(power method)이라 하며 이것을 정리하면 다음 알고리즘과 같다.

for k=1 : kmax

$$y = Ax_{k-1};\ \beta_k = x_{k-1}^T y;\ x_k = y/\sqrt{y^T y};$$

end

행렬 A와 초기벡터 x_0 그리고 최대 반복 횟수 kmax가 주어지면 β_k는 절대값이 가장 큰 고유치로 수렴하고 x_k는 그에 대응하는 고유벡터로 수렴한다.

프로그램 2.1

```
function [lambda,u]=power_eig(A,u,kmax)
[m,n]=size(A);
if m ~= n
    error('It is not a square matrix.')
end
fprintf('k eigenvalue\t eigenvector\n')
u=u/norm(u);
for k=1:kmax
```

```
    y=A*u;
    lambda=u'*y;
    u=y/norm(y);
    fprintf('%i ',k)
    fprintf('%.4f\t',lambda,u)
    fprintf('\n')
end
endfunction
```

```
>> A=[1 3;0 2]; x0=[1;1]; kmax=5;
>> [lambda,u]=power_eig(A,x0,kmax)
k eigenvalue      eigenvector
1 3.0000          0.8944  0.4472
2 2.4000          0.9285  0.3714
3 2.1724          0.9398  0.3417
4 2.0803          0.9445  0.3285
5 2.0388          0.9466  0.3223
lambda =  2.0388
u =
   0.94665
   0.32226
```

절대값이 가장 큰 고유치를 구할 수 있는 거듭제곱방법을 이용하면 임의의 상수에 가장 가까운 고유치도 역행렬을 이용하여 구할 수 있다.

상수 α에 대하여 $Ax=\lambda x$이면 $(A-\alpha I)x=(\lambda-\alpha)x$가 된다. 즉, A의 고유치가 λ이면 행렬 $A-\alpha I$의 고유치는 $\lambda-\alpha$가 되고 대응하는 고유벡터는 λ에 대응하는 A의 고유벡터와 같다. α가 A의 고유치가 아니면 행렬 $A-\alpha I$의 역행렬이 존재하여

$$(A-\alpha I)^{-1}x=\frac{1}{(\lambda-\alpha)}x$$

이다. 따라서 역행렬 $(A-\alpha I)^{-1}$의 고유치는 $(\lambda-\alpha)^{-1}$가 되고 대응하는 고유벡터는 λ에 대응하는 A의 고유벡터와 같다. 따라서 행렬 $B=(A-\lambda I)^{-1}$에 거듭제곱방법을 적용하면

$x_k = \dfrac{B^k x_0}{\| B^k x_0 \|_2}$는 B의 고유치 중 절대값이 가장 큰 고유치에 대응하는 고유벡터로 수렴하므로 $\beta_k = x_k^T A x_k$는 α에 가장 가까운 A의 고유치로 수렴한다. 이와 같은 방법을 역거듭제곱 방법(inverse power method)이라 하며 $(A-\alpha I)^{-1}x_k = x_{k+1}$은 역행렬 $(A-\alpha I)^{-1}$을 직접 구할 필요는 없고 동치인 연립방정식을 풀면 된다. 즉,

$$(A-\alpha I)^{-1}x_k = x_{k+1} \Leftrightarrow (A-\alpha I)x_{k+1} = x_k$$

따라서 역거듭제곱방법의 알고리즘은 다음과 같다.

for k=1:kmax

$\quad (A-\alpha I)y = x_{k-1};\ x_k = y/\sqrt{y^T y};\ \beta_k = x_k^T A x_k;$

end

프로그램 2.2

```
function [lambda,u]=power_inv(A,u,alpha,kmax)
[m, n]=size(A);
if m ~= n
    error('It is not a square matrix.')
end
fprintf('k eigenvalue \t eigenvector\n')
B=A-eye(n)*alpha; u=u/norm(u);
for k=1:kmax
    u=B\u;
    u=u/norm(u);
    lambda=u'*A*u;
    fprintf('%i ',k)
    fprintf('%.4f\t',lambda,u)
    fprintf('\n')
end
endfunction
```

```
>> A=[2 -1 1;-1 1 -2; 1 -2 1]; x0=[1; 1; 1]; alpha=2; kmax=10;
>> [lambda,u]=power_inv(A, x0, alpha, kmax)
k eigenvalue      eigenvector
1 0.8000         -0.5071 -0.8452 0.1690
2 1.0184         0.8887  0.4279  -0.1646
3 1.0150         -0.7609 -0.5017 0.4115
4 1.0049         0.8410  0.3974  -0.3672
5 1.0014         -0.8035 -0.4259 0.4159
6 1.0004         0.8228  0.4035  -0.4002
7 1.0001         -0.8133 -0.4120 0.4109
8 1.0000         0.8181  0.4068  -0.4065
9 1.0000         -0.8157 -0.4091 0.4090
10 1.0000        0.8169  0.4079  -0.4078
lambda =   1.0000
u =
   0.81690
   0.40787
  -0.40783
```

2.6 R^n에서 R^m으로 가는 선형변환

행렬 $A=\begin{pmatrix}1 & -1 & 0\\ 0 & 1 & 1\end{pmatrix}$에 벡터 $x=\begin{pmatrix}1\\2\\1\end{pmatrix}$를 곱하면 $Ax=\begin{pmatrix}-1\\3\end{pmatrix}$이 된다. 이러한 행렬과 벡터의 곱을 함수로 나타내면 $F: R^3 \to R^2$로 $F(x)=Ax$라고 할 수 있다. 이렇게 입력 변수와 출력 변수가 모두 벡터가 되는 함수를 변환(transformation)이라고 한다. 예를 들어, $F(x)=\begin{pmatrix}1 & -1 & 0\\ 0 & 1 & 1\end{pmatrix}$는 $F\begin{pmatrix}x_1\\x_2\\x_3\end{pmatrix}=\begin{pmatrix}x_1-x_2\\x_2+x_3\end{pmatrix}$로 나타낼 수 있고 $F\begin{pmatrix}1\\2\\3\end{pmatrix}=\begin{pmatrix}-1\\5\end{pmatrix}$이다. 한편 $T: R^2 \to R^3$를 $T\begin{pmatrix}x_1\\x_2\end{pmatrix}=\begin{pmatrix}x_1- \ x_2\\x_1+ \ x_2\\2x_1+3x_2\end{pmatrix}$라 정의하면 $T(x)=\begin{pmatrix}1 & -1\\1 & 1\\2 & 3\end{pmatrix}x$로 나타낼 수 있고

$T\begin{pmatrix}1\\2\end{pmatrix}=\begin{pmatrix}-1\\3\\8\end{pmatrix}$가 된다. 변환에 대응하는 행렬을 A라고 하면 $T(x)=Ax$이고, 따라서 $x, y \in R^2$와 상수 α에 다하여

$$T(x+y)=T(x)+T(y),\quad T(\alpha x)=\alpha T(x)$$

이 성립한다.

정의 2.18

변환 $T: R^n \to R^m$가 다음을 만족하면 T를 **선형변환**(linear transformation)이라 한다.

(1) 모든 $u, v \in R^n$에 대하여 $T(u+v)=T(u)+T(v)$이다.

(2) 임의의 상수 α에 대하여 $T(\alpha u)=\alpha T(u)$이다.

예를 들어, 상수 $\alpha \in R$에 대하여 $T: R^n \to R^n$를 $T(x)=\alpha x$라고 정의하면 이는 선형변환이 된다. $\alpha > 1$이면 벡터의 길이가 늘어나서 **확대**라 하고, $0 < \alpha < 1$이면 줄어들어 **수축**이라 한다. $\alpha = 1$이면 변함이 없어 **항등변환**(identity transformation)이라고 한다. 모든 벡터를 0으로 보내는 $T(x)=0$도 당연히 선형변환이다.

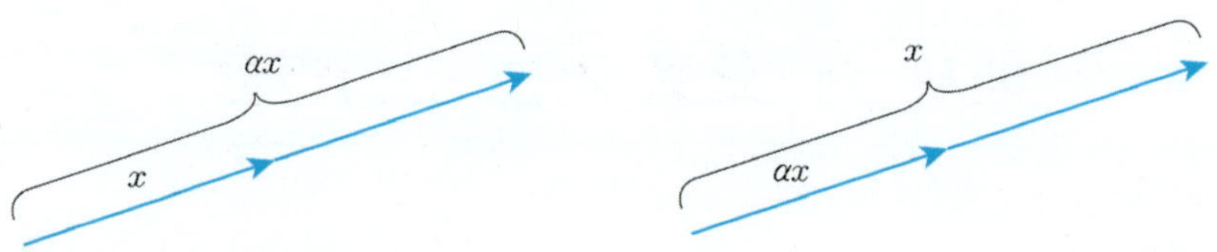

$a>1$, 확대　　　$0<a<1$, 수축

$T: R^n \to R^m$이 선형변환이고 $\{e_1, e_2, \ldots, e_n\} \subset R^n$을 표준단위벡터라 하자. 그러면 임의의 벡터 $x=\begin{pmatrix}x_2\\x_2\\\vdots\\x_n\end{pmatrix} \in R^n$에 대하여 $x=x_1e_1+x_2e_2+\cdots+x_ne_n$이므로

$$T(x)=x_1T(e_1)+x_2T(e_2)+\cdots+x_nT(e_n)=[T(e_1),\ T(e_2),\ \cdots,\ T(e_n)]\begin{pmatrix}x_1\\x_2\\\vdots\\x_n\end{pmatrix}=Ax$$

가 된다. 이때 $A=[T(e_1),\ T(e_2),\ \cdots,\ T(e_n)]$를 T의 표준행렬(standard matrix)이라고 한다.

정리 2.17

$\{e_1, e_2, \ldots, e_n\} \subset R^n$은 표준단위벡터이다. $T: R^n \to R^m$이 선형변환이면 $T(x)=Ax$가 되고 여기서 $A=[T(e_1),\ T(e_2),\ \cdots,\ T(e_n)]$이다.

예제 | 2.27

$F\begin{pmatrix} x_1 \\ x_2 \\ x_3 \end{pmatrix} = \begin{pmatrix} x_1 - x_2 \\ x_2 + x_3 \end{pmatrix}$의 표준행렬은 $A=[T(e_1),\ T(e_2),\ T(e_3)] = \begin{pmatrix} 1 & -1 & 0 \\ 0 & 1 & 1 \end{pmatrix}$이다.

```
>> my=inline('[x-y; y+z]','x','y','z');
>> A=[my(1,0,0), my(0,1,0), my(0,0,1)]
A =
     1   -1    0
     0    1    1
```

정의 2.19

$W \subset R^n$가 다음을 만족하면 R^n의 부분공간(subspace)이라고 한다.

(1) 영벡터 $0 \in W$

(2) $u, v \in W$ 이면 $u+v \in W$

(3) 상수 α에 대하여 $u \in W$이면 $\alpha u \in W$

예를 들면 원점 $\begin{pmatrix} 0 \\ 0 \end{pmatrix}$을 지나고 기울기가 2인 직선 $W=\left\{t\begin{pmatrix} 1 \\ 2 \end{pmatrix} \middle|\ t \in R\right\}$은 위 조건을 모두 만족하므로 R^2의 부분공간이다.

정의 2.20

W를 영집합이 아닌 R^n의 부분공간이고 $S=\{w_1, \dots, w_p\} \subset W$라고 하자. 만일 S의 일차결합이 W이고 S가 일차독립이면 S를 W의 기저(basis)라고 한다. 이때 W의 차원 $\dim W = p$라고 한다.

예를 들면 $u=\begin{pmatrix}1\\2\end{pmatrix}$, $v=\begin{pmatrix}1\\1\end{pmatrix}$라 할 때 $W=\{\alpha u+\beta v \mid \alpha, \beta \in R\}$이고 $\{u, v\}$는 일차독립이므로 기저이고 $\dim W = 2$로 W는 R^2와 같다.

정의 2.21

$T: R^n \rightarrow R^m$가 선형변환이고 0은 영벡터라고 하자. 그러면

(1) $N(T)=\{v \in R^n \mid T(v)=0\}$을 T의 핵(kernel)

(2) $R(T)=\{w \in R^m \mid w=T(v),\ v \in R^n\}$을 T의 치역(range)

(3) $N(T)=\{0\}$이면 T를 일대일 변환(injective)

(4) $R(T)=R^m$이면 T를 R^m 위로의 변환(surjective)

(5) $T: R^n \rightarrow R^n$이 일대일이고 위로의 변환이면 동형(isomorphism)이라고 한다.

예제 | 2.28

$T\begin{pmatrix}x_1\\x_2\\x_3\end{pmatrix}=\begin{pmatrix}x_1-x_2\\x_2+x_3\end{pmatrix}$에서 핵과 치역을 구하여 보자.

풀이

$T\begin{pmatrix}x_1\\x_2\\x_3\end{pmatrix}=0$이면 $x_1-x_2=0,\ x_2+x_3=0$이므로

$$N(T)=\left\{\begin{pmatrix}x_1\\x_2\\x_3\end{pmatrix} \middle| x_1=x_2,\ x_3=-x_2\right\}=\left\{c\begin{pmatrix}1\\1\\-1\end{pmatrix} \middle| c \in R\right\} \neq \{0\}$$

이다. 임의의 $\begin{pmatrix} a \\ b \end{pmatrix} \in R^2$에 대하여 $x_1 - x_2 = a$, $x_2 + x_3 = b$가 되는, 예를 들어 $x_1 = a$, $x_2 = 0$, $x_3 = b$가 존재하므로 $R(T) = R^2$이다. 따라서 T는 일대일은 아니나 R^2 위로의 변환이다.

이제부터 특별한 언급이 없는 한 모든 노름은 L2노름을 뜻한다.

정의 2.22

W를 R^n의 p차원 부분공간이고 $S = \{w_1, \cdots, w_p\}$는 W의 직교기저이고 크기는 모두 1이다. 즉 $i \neq j$이면 $w_i^T w_j = 0$이고 $\| w_i \| = 1$이다. 변환 $T : R^n \rightarrow W$을

$$T(v) = (v^T w_1)w_1 + (v^T w_2)w_2 + \cdots + (v^T w_p)w_p$$

라 하면 $T(v)$를 v를 W에 내린 **직교투영**(orthogonal projection)이라 한다.

$n = 2$이고 $S = \{w\}$인 경우 v를 W에 내린 $T(v) = (v^T w)w$은 다음과 같이 v를 수직으로 W에 내린 벡터가 된다.

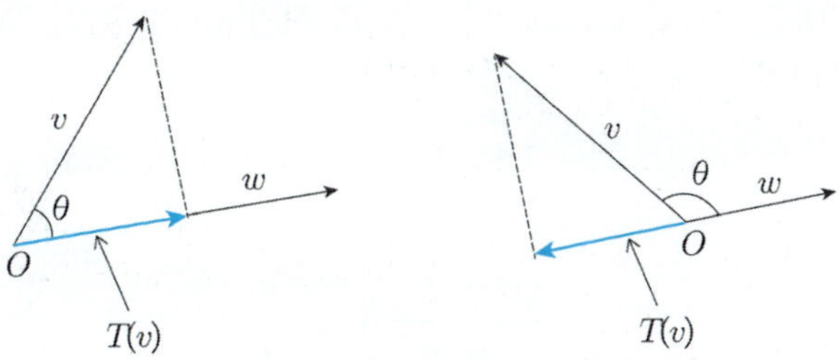

$\| w \| \neq 1$이면 선분 $\overline{OS}$의 길이는 $\| v \| \cos\theta$이고 $\| v \| \cos\theta = v^T \dfrac{w}{\| w \|}$이다. 즉 v를 w에 수직으로 내린 벡터의 크기는 w 방향으로의 단위벡터 $\dfrac{w}{\| w \|}$와 v의 내적이다. 따라서 v를 w에 수직으로 내린 벡터는 다음과 같다.

$$T(v) = \left(\frac{v^T w}{\| w \|} \right) \frac{w}{\| w \|} = \left(\frac{v^T w}{\| w \|^2} \right) w$$

예제 | 2.29

W를 xy-평면 R^2이고 $e_1 = \begin{pmatrix} 1 \\ 0 \\ 0 \end{pmatrix}$, $e_2 = \begin{pmatrix} 0 \\ 1 \\ 0 \end{pmatrix}$라 하면 $S = \{e_1, e_2\}$이다. $x = \begin{pmatrix} x_1 \\ x_2 \\ x_3 \end{pmatrix}$를 W에 직교투영하면

$$\begin{aligned} T(x) &= (x^T e_1)e_1 + (x^T e_2)e_2 \\ &= x_1 e_1 + x_2 e_2 = \begin{pmatrix} x_1 \\ x_2 \end{pmatrix} \end{aligned}$$

이다. 따라서 $T: R^3 \to R^2$은 3차원 공간 R^3에서 2차원 xy-평면 R^2에 내린 투영이 된다.

만일 직교기저 $\{w_1, \ldots, w_p\}$의 크기가 1이 아니면 각각 자기 자신의 크기로 나누어주면 된다. 따라서

$$T(v) = \frac{(v^T w_1)w_1}{\|w_1\|^2} + \frac{(v^T w_2)w_2}{\|w_2\|^2} + \cdots + \frac{(v^T w_p)w_p}{\|w_p\|^2}$$

예제 | 2.30

W를 xy-평면 R^2이고 $w_1 = \begin{pmatrix} 1 \\ 1 \\ 0 \end{pmatrix}$, $w_2 = \begin{pmatrix} 2 \\ -2 \\ 0 \end{pmatrix}$라 하면 $\|w_1\|^2 = 2$, $\|w_2\|^2 = 8$이다. $x = \begin{pmatrix} 1 \\ 2 \\ 3 \end{pmatrix}$를 W에 직교투영하면 다음과 같다.

$$\begin{aligned} T(x) &= \frac{(x^T w_1)w_1}{\|w_1\|^2} + \frac{(x^T w_2)w_2}{\|w_2\|^2} \\ &= \frac{3}{2}w_1 - \frac{1}{4}w_2 = \begin{pmatrix} 1 \\ 2 \\ 0 \end{pmatrix} \end{aligned}$$

2장 연습문제

01 다음 방정식을 만족하는 해는 몇 개인가?

(1) $\begin{cases} 2x + y = 3 \\ x - 2y = 4 \end{cases}$ (2) $\begin{cases} 3x + 2y = 1 \\ 6x + 4y = 2 \end{cases}$ (3) $\begin{cases} 3x - 2y = 3 \\ -6x + 4y = 5 \end{cases}$

02 소거법을 이용하여 다음 연립방정식의 해가 단 하나 있는지, 없는지, 아니면 무수히 많은지 살펴보라.

(1) $\begin{cases} x - 2y + z = -2 \\ 2x + y - z = 3 \\ -3x + 2y - 1z = -0 \end{cases}$ (2) $\begin{cases} + 2y - z = 1 \\ x + 3y + z = 2 \\ 2x + 8y + z = 3 \end{cases}$

(3) $\begin{cases} 3x + 2y - z = 3 \\ -x - 5y + 2z = 0 \\ 2x - 3y + z = -3 \end{cases}$

03 $A = \begin{pmatrix} 1 & 2 & -3 & 1 \\ -1 & 5 & 2 & 3 \end{pmatrix}$, $B = \begin{pmatrix} 1 & -2 & 1 & 0 \\ 0 & 1 & 3 & -2 \end{pmatrix}$, $C = \begin{pmatrix} 1 & 3 \\ 2 & 1 \end{pmatrix}$일 때 다음을 계산하라.

(1) $2A + 3B$ (2) $5B - 2A$ (3) $10A - 3B$

(4) CA (5) $2CB - 3A$ (6) $C(B + 2A)$

(7) A^TC (8) $(A + 2B)^TC$ (9) $C^T(B + 2A)$

04 다음 행렬의 역행렬을 구하라.

(1) $\begin{pmatrix} 1 & 1 \\ -1 & 1 \end{pmatrix}$ (2) $\begin{pmatrix} 3 & -4 \\ 4 & 3 \end{pmatrix}$ (3) $\begin{pmatrix} \cos x & -\sin x \\ \sin x & \cos x \end{pmatrix}$

05 문제 4의 행렬을 A라 하고 $b=\begin{pmatrix}1\\1\end{pmatrix}$라 할 때 $Ax=b$의 해를 구하라.

06 기본행 연산을 더 반복하여 2.3절 마지막에 있는 덧붙인 행렬 [A a], [B b], [C c]의 rref의 결과가 맞는지 확인하라.

07 다음 두 벡터의 내적을 구하라.

(1) $\begin{pmatrix}1\\2\end{pmatrix}, \begin{pmatrix}-2\\1\end{pmatrix}$ (2) $\begin{pmatrix}4\\3\end{pmatrix}, \begin{pmatrix}-2\\1\end{pmatrix}$ (3) $\begin{pmatrix}3\\4\end{pmatrix}, \begin{pmatrix}-4\\3\end{pmatrix}$

(4) $(1\ 2\ 3),\ (3\ -2\ 1)$ (5) $(1\ 0\ -1\ 2\ -2\ 3),\ (4\ -2\ 3\ 0\ -2\ 1)$

08 다음 두 벡터의 일차결합을 구하라.

(1) $\begin{pmatrix}1\\2\end{pmatrix}, \begin{pmatrix}-2\\1\end{pmatrix}$ (2) $\begin{pmatrix}4\\3\end{pmatrix}, \begin{pmatrix}-2\\1\end{pmatrix}$ (3) $\begin{pmatrix}3\\4\end{pmatrix}, \begin{pmatrix}-4\\3\end{pmatrix}$

(4) $\begin{pmatrix}1\\2\end{pmatrix}, \begin{pmatrix}-2\\-4\end{pmatrix}$ (5) $\begin{pmatrix}4\\3\end{pmatrix}, \begin{pmatrix}8\\6\end{pmatrix}$ (6) $\begin{pmatrix}3\\-4\end{pmatrix}, \begin{pmatrix}9\\12\end{pmatrix}$

09 문제 8의 두 벡터의 일차결합이 $\begin{pmatrix}0\\0\end{pmatrix}$일 때 해를 구하고 그 두 벡터가 일차독립인지 일차종속인지 설명하라.

10 다음 행렬이 정칙인지 아닌지 문제 8의 결과를 이용하여 설명하라.

(1) $\begin{pmatrix}1 & -2\\2 & 1\end{pmatrix}$ (2) $\begin{pmatrix}4 & -2\\3 & 1\end{pmatrix}$ (3) $\begin{pmatrix}3 & -4\\4 & 3\end{pmatrix}$

(4) $\begin{pmatrix}1 & -2\\2 & -4\end{pmatrix}$ (5) $\begin{pmatrix}4 & 8\\3 & 6\end{pmatrix}$ (6) $\begin{pmatrix}3 & -9\\-4 & 12\end{pmatrix}$

11 다음 두 벡터의 L1, L2, 최대 노름을 각각 구하라.

(1) $\begin{pmatrix} 1 \\ 2 \end{pmatrix}$ (2) $\begin{pmatrix} -4 \\ 3 \end{pmatrix}$ (3) $\begin{pmatrix} -12 \\ 5 \end{pmatrix}$

(4) $\begin{pmatrix} 3 & -2 & 1 \end{pmatrix}$ (5) $\begin{pmatrix} -4 & 3 & 0 & 2 & 1 \end{pmatrix}$ (6) $\begin{pmatrix} 1 & 0 & -2 & 3 & 0 & -2 \end{pmatrix}$

12 다음 두 벡터의 사잇각이 예각인지, 직각인지, 둔각인지 설명하고 두 벡터의 그림을 그려 확인해라.

(1) $\begin{pmatrix} 1 \\ 2 \end{pmatrix}, \begin{pmatrix} -2 \\ 1 \end{pmatrix}$ (2) $\begin{pmatrix} 4 \\ 3 \end{pmatrix}, \begin{pmatrix} -2 \\ 1 \end{pmatrix}$ (3) $\begin{pmatrix} 3 \\ 4 \end{pmatrix}, \begin{pmatrix} 4 \\ 3 \end{pmatrix}$

13 문제 12의 두 벡터가 코시-슈바르츠 부등식 $|<u, v>| \le \|u\|_2 \|v\|_2$이 성립하는지 확인하라.

14 다음 행렬은 직교행렬인지 아닌지 설명하라.

(1) $\begin{pmatrix} 1 & 1 \\ -1 & 1 \end{pmatrix}$ (2) $\begin{pmatrix} \frac{3}{5} & -\frac{4}{5} \\ \frac{4}{5} & \frac{3}{5} \end{pmatrix}$ (3) $\begin{pmatrix} \cos x & -\sin x \\ \sin x & \cos x \end{pmatrix}$

15 다음 연립방정식의 해를 가우스 소거법으로 구하라.

(1) $\begin{aligned} 2x + y &= 3 \\ 4x + 3y &= 5 \end{aligned}$ (2) $\begin{aligned} -2x + y &= 3 \\ x + 3y &= 2 \end{aligned}$ (3) $\begin{aligned} y + z &= 1 \\ x + y - z &= 0 \\ -2x - y + z &= -1 \end{aligned}$

(4) $\begin{aligned} x + y + z &= 1 \\ x + y - z &= 1 \\ 2x + 3z &= 8 \end{aligned}$ (5) $\begin{aligned} x + 2y + 3z &= 1 \\ 2x + y - 3z &= 2 \\ 3x - 3y + z &= 3 \end{aligned}$ (6) $\begin{aligned} x + 2y + 4z &= 6 \\ x + 2y + 2z &= 2 \\ x + 3y + 7z &= 10 \end{aligned}$

16 소행렬식을 이용하여 다음 행렬의 행렬식을 구하라.

(1) $\begin{pmatrix} 1 & 3 \\ 2 & 1 \end{pmatrix}$ (2) $\begin{pmatrix} 7 & 6 \\ 6 & 5 \end{pmatrix}$ (3) $\begin{pmatrix} 2 & -3 \\ 3 & 4 \end{pmatrix}$

(4) $\begin{pmatrix} 1 & 2 & 1 \\ 1 & 0 & 3 \\ 2 & 1 & 1 \end{pmatrix}$ (5) $\begin{pmatrix} 2 & -1 & 2 \\ -1 & 2 & 1 \\ 2 & 1 & 2 \end{pmatrix}$ (6) $\begin{pmatrix} 1 & 1 & 1 \\ 1 & 1 & 3 \\ 2 & 1 & 1 \end{pmatrix}$

17 기본행 연산을 이용하여 다음 행렬의 행렬식을 구하라.

(1) $\begin{pmatrix} 1 & 2 & 1 \\ 1 & 0 & 3 \\ 2 & 1 & 1 \end{pmatrix}$ (2) $\begin{pmatrix} 2 & -1 & 2 \\ -1 & 2 & 1 \\ 2 & 1 & 2 \end{pmatrix}$ (3) $\begin{pmatrix} 1 & 1 & 1 \\ 1 & 1 & 3 \\ 2 & 1 & 1 \end{pmatrix}$

(4) $\begin{pmatrix} 2 & 1 & -1 & 2 \\ 2 & 0 & 0 & 1 \\ 2 & 1 & 2 & 0 \\ 3 & 1 & 1 & 2 \end{pmatrix}$ (5) $\begin{pmatrix} 2 & 0 & 2 & 0 \\ 1 & 3 & 1 & 2 \\ 0 & 1 & 2 & 0 \\ 3 & 0 & 1 & 2 \end{pmatrix}$ (6) $\begin{pmatrix} -1 & 1 & -1 & 3 \\ 2 & 1 & 0 & 1 \\ 2 & -1 & 2 & 0 \\ 3 & 1 & -1 & 2 \end{pmatrix}$

18 다음 행렬의 고유치와 고유벡터를 구하라.

(1) $\begin{pmatrix} 1 & -2 \\ 1 & 4 \end{pmatrix}$ (2) $\begin{pmatrix} 1 & -2 \\ -2 & 4 \end{pmatrix}$ (3) $\begin{pmatrix} 1 & 1 \\ 1 & 1 \end{pmatrix}$

(4) $\begin{pmatrix} 1 & -1 \\ 1 & 3 \end{pmatrix}$ (5) $\begin{pmatrix} 1 & -1 \\ 1 & 1 \end{pmatrix}$ (6) $\begin{pmatrix} 2 & 4 \\ -2 & 2 \end{pmatrix}$

(7) $\begin{pmatrix} 4 & -1 & 1 \\ -1 & 3 & -2 \\ 1 & -2 & 3 \end{pmatrix}$ (8) $\begin{pmatrix} 1 & 1 & 2 \\ 2 & 2 & 4 \\ 0 & 1 & 3 \end{pmatrix}$ (9) $\begin{pmatrix} 1 & 3 & -2 \\ 4 & -3 & 1 \\ 2 & 1 & 1 \end{pmatrix}$

19 다음 $T: R^{2\times 2} \to R$이 선형변환인지 아닌지 설명하라. 여기서 $A = \begin{pmatrix} a & b \\ c & d \end{pmatrix}$이다.

(1) $T(A) = a + d$ (2) $T(A) = \det(A)$ (3) $T(A) = \begin{pmatrix} a+d \\ b-c \end{pmatrix}$

20 다음 집합이 벡터공간이 되는지 안되는지 설명하라.

(1) $\left\{x \in R^3 \mid x_1 + x_2 = 0\right\}$

(2) $\left\{x \in R^3 \mid x_2 + x_3 = 1\right\}$

(3) $\left\{x \in R^3 \mid x_1 = x_2 = x_3\right\}$

(4) $\left\{x \in R^3 \mid x_1 + x_2 + x_3 = 1\right\}$

(5) $\left\{A \in R^{2\times 2} \mid a_{12} = 0\right\}$

(6) $\left\{A \in R^{2\times 2} \mid a_{11} + a_{22} = 0\right\}$

21 변환 $T: R^n \to W$에서 $v \in R^n$를 W에 내린 직교투영 $T(v)$를 구하라.

(1) R^2, $W = \left\{\begin{pmatrix}1\\2\end{pmatrix}t \,\middle|\, t \in R\right\}$, $v = \begin{pmatrix}2\\1\end{pmatrix}$

(2) R^3, $W = \left\{\begin{pmatrix}1\\1\\0\end{pmatrix}s + \begin{pmatrix}0\\1\\1\end{pmatrix}t \,\middle|\, s, t \in R\right\}$, $v = \begin{pmatrix}1\\1\\1\end{pmatrix}$

(3) R^3, $W = \left\{\begin{pmatrix}1\\0\\0\end{pmatrix}s + \begin{pmatrix}1\\1\\0\end{pmatrix}t \,\middle|\, s, t \in R\right\}$, $v = \begin{pmatrix}2\\1\\1\end{pmatrix}$

(4) R^4, $W = \left\{\begin{pmatrix}1\\0\\1\\2\end{pmatrix}s + \begin{pmatrix}2\\1\\0\\2\end{pmatrix}t \,\middle|\, s, t \in R\right\}$, $v = \begin{pmatrix}1\\-1\\0\\1\end{pmatrix}$

3 함수와 수열

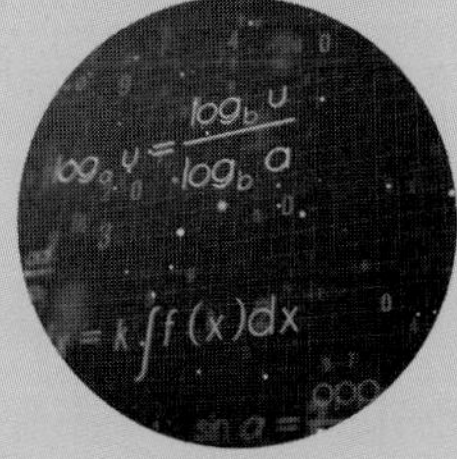

함수는 수학에서 두 개체를 관계 짓는 가장 중요한 개념이라 할 수 있다. 함수 없이는 수학을 이야기하기가 어려울 정도이다. 함수란 한 개체에 속하는 모든 것에 대응하는 것이 다른 개체에 반드시 있고, 그것은 단 하나뿐이라는 뜻이다. 함수를 통하여 주변에서 일어나는 생활현상이나 자연현상도 설명할 수 있다. 수를 나열한 수열도 함수의 일종이다. 인공지능 자체도 입력으로 데이터가 들어가면 출력이 나오는 거대한 함수이다. 입력은 같은데 때에 따라 다른 결과가 나온다면 이는 함수가 아니다. 상호간의 관계를 통하여 함수가 무엇인지 살펴본다. 이 단원에서 다루는 내용은 다음과 같다.

대응과 함수, 일차함수와 이차함수, 지수함수와 로그함수, 삼각함수
활성함수, 수열, 공간에서의 직선과 평면, 다변수함수와 벡터함수

3.1 대응과 함수

신입생인 충헌이는 지금부터 대학 졸업할 때까지 4년 동안 일본, 중국, 러시아, 독일, 프랑스, 영국에 배낭여행하기로 계획하고, 그 나라의 중심이 되는 도시인 수도를 알아보아 다음과 같은 관계를 얻었다.

나라	독일	일본	중국	러시아	영국	프랑스
수도	베를린	도쿄	베이징	모스코바	런던	파리

위 표에 의하면 독일의 수도는 베를린이고 영국의 수도는 런던이 된다. 여기서 대응한다는 말을 써보자. 독일의 수도에 대응하는 도시는 베를린, 일본의 수도에 대응하는 도시는 도쿄, … 프랑스의 수도에 대응하는 도시는 파리. 나라의 수도에 관하여 이야기 한다면 단순히 한국에 대응하는 것은 서울, 영국에 대응하는 것은 런던, 중국에 대응하는 것은 베이징이 된다. 이와 같이 나라를 도시에 대응시킬 수 있다. 대응하는 것을 화살표 기호를 사용하여 다음과 같이 나타낸다.

독일 → 베를린, 일본 → 도쿄, 중국 → 베이징
러시아 → 모스코바, 영국 → 런던, 프랑스 → 파리

나라의 집합을 S={일본, 중국, 러시아, 영국, 프랑스, 독일}, 수도의 집합을 C={도쿄, 베이징, 베를린, 모스코바, 런던, 파리}라고 하자. 그러면 나라에서 수도로 대응하는 것은 이제 집합 S에서 집합 C로 대응하는 것으로 볼 수 있다.

이와 같이 집합 'S의 모든 나라에 대응하는 수도는 C에 반드시 있고, 또한 그 수도는 단 하나뿐인 관계'를 S에서 C로 가는 함수라고 한다. C에 대응관계가 없는 '로마'를 추가해도 역시 이 관계는 성립한다.

정의 3.1

집합 X의 원소에 대응하는 원소가 집합 Y에 단 하나 있는 관계를 X에서 Y로 가는 **함수**(function, map)라고 한다. 이때 X의 원소를 **독립변수**라 하고 그것에 대응하는 Y의 원소를 **종속변수**라 한다.

관계를 $f: X \to Y$로 나타내고 X의 원소 x를 **입력**이라 하며, 대응하는 Y에 있는 원소 y를 **출력**이라 한다. 이때 출력은 $y = f(x)$라고 나타낸다. 여기서 입력인 x는 독립변수 그리고 그에 따른 출력인 y는 종속변수이다.

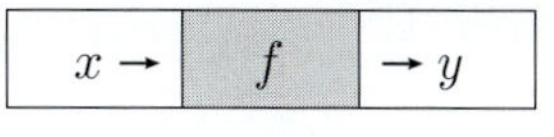

함수의 입력과 출력의 관계는 반드시 다음을 만족해야 한다.

X에 속하는 모든 원소 x에 대하여 $f(x)$는 Y에 단 하나 있다.
[즉 $x \in X$이면 $f(x) \in Y$이고, $x_1 = x_2$이면 $f(x_1) = f(x_2)$이다.]

여기서 "$f(x_1) \neq f(x_2)$이면 $x_1 \neq x_2$이다"는 "$x_1 = x_2$이면 $f(x_1) = f(x_2)$이다"와 같은 뜻으로 대신해도 된다.

함수는 수학을 이해하는 데 매우 중요한 개념으로 실생활에서도 함수 관계를 많이 볼 수 있다. 예를 들면 대학 신입생과 대학이름과의 관계, 사람과 그의 나이의 관계, 도서관의 책과 그 책의 도서번호와의 관계, 지폐와 지폐에 적힌 일련번호의 관계 등 생활과 함수는 밀접한 관계를 갖고 있다. 이 관계의 공통점은 신입생이 단 하나의 대학에 다녀야 하고, 사람이 단 하나의 나이를 갖으며 지폐가 단 하나의 일련번호를 갖듯이 대응되는 것이 단 하나 있다는 것이다. 인공지능도 큰 틀에서 보면 함수를 이룬다. 입력에 해당하는 데이터를 넣고 그 속에서 이리저리 섞어 결과를 내보낸다. 똑같은 데이터에 서로 다른 결과가 나오면 믿을 수가 없지 않은가?

D가 실수의 부분집합($D \subset R$)일 때, 모든 $x \in D$에 대하여 단 하나의 실수 $f(x)$가 존재하면 독립변수가 x 하나뿐이므로 $f: D \to R$을 일변수함수라 한다. 이때 D를 f의 정의역이라 하고 $f(x)$를 전부 모아놓은 $f(D) = \{f(x) \mid x \in D\}$를 f의 치역이라 하며 $\{(x, f(x)) \mid x \in D\}$을 f의 그래프라고 한다.

3.2 일차함수와 이차함수

0이 아닌 정해진 수(상수) a와 또 다른 상수 b에 대하여 $f(x) = ax + b$의 관계를 일차함수라고 한다. 여기서 x는 변하는 수(변수)로 x에 따라 $f(x)$의 값이 달라진다. 예를 들어 $f(x) = 2x + 1$에서 $f(0) = 1$, $f(1) = 3$과 같이 x에 따라 $f(x)$의 값이 달라진다. a의 부호에 따라 이 함수의 그래프는 다음과 같다.

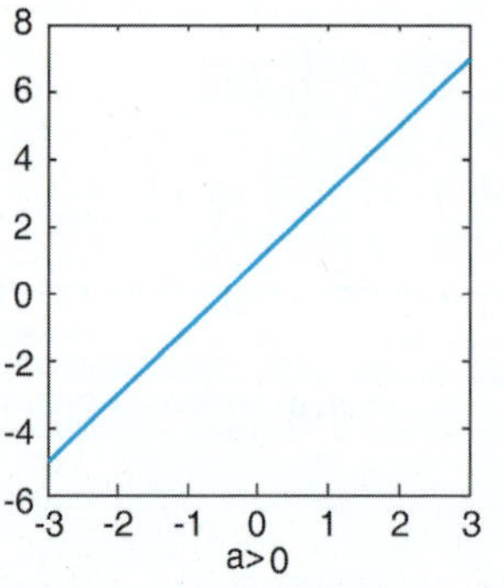

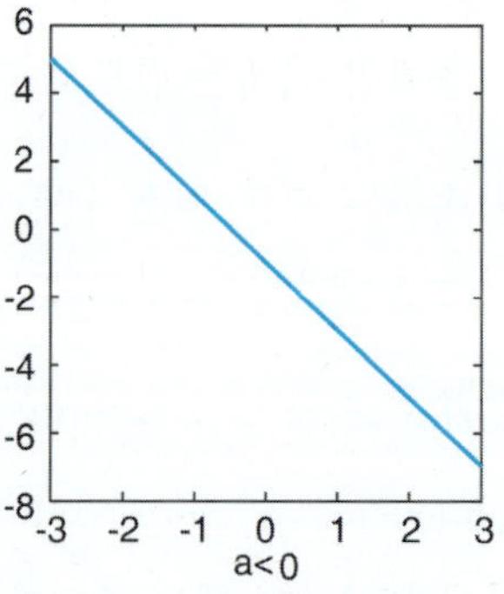

```
>> x=linspace(-3,3); y1=2*x +1; y2=-2*x-1;
>> subplot(1,2,1); plot(x,y1); xlabel('a>0')
>> subplot(1,2,2); plot(x,y2); xlabel('a<0')
```

0이 아닌 상수 a와 상수 b, c에 대하여 $f(x)=ax^2+bx+c$를 이차함수라고 한다. a의 부호에 따라 이 함수의 그래프는 다음과 같다.

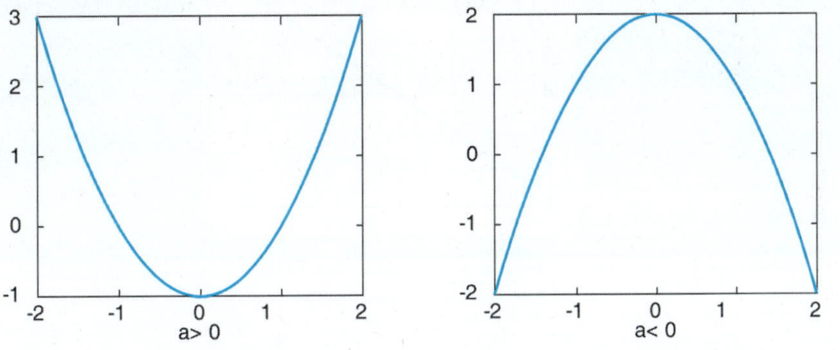


```
>> x=linspace(-2,2); y1=x.^2-2 +1; y2=-1*x.^2+2;
>> subplot(1,2,1); plot(x,y1); xlabel('a>0')
>> subplot(1,2,2); plot(x,y2); xlabel('a<0')
```

일차함수 $f(x)=ax+b$는 그래프에서 보듯이 직선을 나타낸다. $y=f(x)$라고 하면 $y=ax+b$는 기울기가 a이고 절편이 b인 직선이라고 한다. 절편이란 $x=0$일 때 y의 값을 말한다. 직선을 구성하는 상수가 두 개이므로 두 개의 조건이 주어지면 그 상수를 구할 수 있다. 그 하나는 직선의 기울기와 직선이 지나는 한 점, 또 다른 하나는 직선이 지나는 서로 다른 두 점을 알면 그 직선을 구할 수 있다.

정리 3.1

기울기가 m이고 한 점 (a,b)를 지나는 직선의 방정식은 다음과 같다.

$$y=m(x-a)+b$$

예제 | 3.1

한 점 $(3,\ 6)$을 지나고 기울기가 3인 직선의 방정식을 구하고 그래프를 그려보자.

풀이

$y=3(x-3)+6=3x-3$이고 그래프는 다음과 같다.

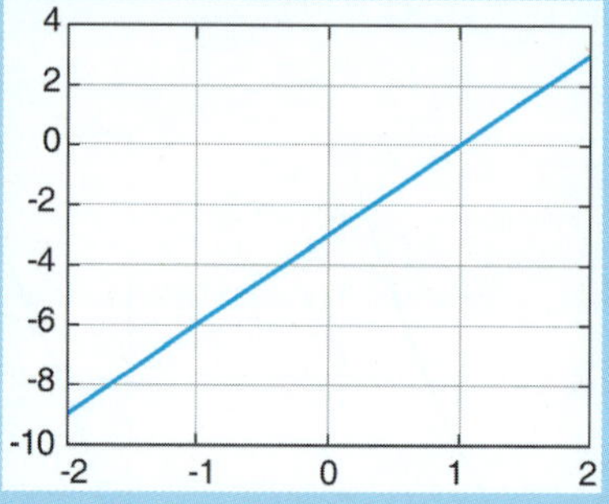


```
>> x=linspace(-2,2); y=3*x-3;
>> plot(x,y)
```

정리 3.2

두 점 $(x_1,\ y_1)$과 $(x_2,\ y_2)$을 지나는 직선의 방정식은 다음과 같다.

$$y=\frac{y_2-y_1}{x_2-x_1}(x-x_1)+y_1 \text{ 또는 } y=\frac{y_2-y_1}{x_2-x_1}(x-x_2)+y_2$$

이 공식에 의하여 두 점 $A(-2,6)$, $B(3,-4)$을 지나는 직선의 방정식을 구하면

$$y=\frac{-4-6}{3+2}(x-3)-4=-2x+2$$

이다. 일반적인 n차 함수는 다음과 같이 나타낸다.

$$f(x)=a_nx^n+a_{n-1}x^{n-1}+\cdots+a_1x+a_0,\ a_n\neq 0$$

여기서 a_i, $i=0,\ 1,\ 2,\ \cdots,\ n$은 상수이다.

3.3 지수함수와 로그함수

1이 아닌 양수에 거듭제곱하는 지수함수와 지수함수와 역의 관계가 있는 로그함수에 대하여 알아보자.

정의 3.2

$a>0$이고 $a \neq 1$인 실수 a에 대하여, $f(x)=a^x$와 같은 관계를 갖는 함수를 a를 밑수로 하는 지수함수(exponential function)라고 한다.

$y=a^x$는 항상 양수로 밑수가 1보다 크면 증가하는 함수이고 1보다 작으면 감소하는 함수로 그래프는 다음과 같다.

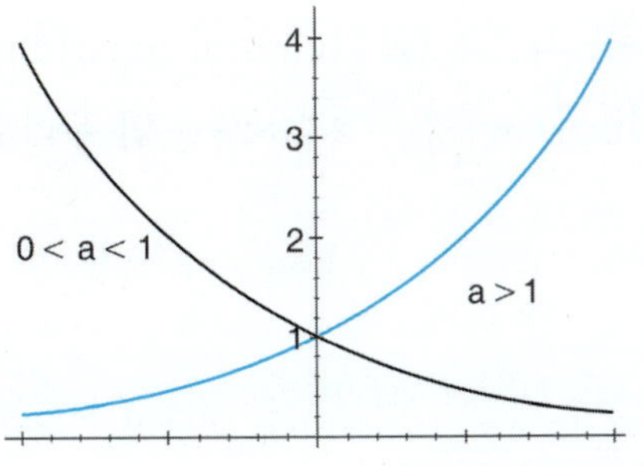

정리 3.3

$a>0$이고 $a \neq 1$라고 하자. 그러면 임의의 x, $y \in R$에 대하여 다음이 성립한다.

(1) $a^0=1$ (2) $a^{-x}=\dfrac{1}{a^x}$ (3) $(ab)^x=a^x b^x$ (4) $a^{xy}=(a^x)^y$ (5) $a^x a^y=a^{x+y}$

정의 3.3

$a>0$이고 $a \neq 1$라고 하자. $x=a^y$인 관계가 성립할 때 y를 밑수가 a인 로그함수(logarithmic function)라고 하며 $y=\log_a x$로 나타낸다.

그러므로 $y=\log_a x$에서 $a>0$이고 $a\neq 1$이고 x는 항상 양수이어야 한다. 지수함수와 로그함수 사이의 관계는 다음과 같다. 여기서 $a>0$이고 $a\neq 1$이다.

$$y=\log_a x \Leftrightarrow x=a^y$$

밑수가 $a>1$일 경우 $y=\log_a x$은 증가하는 함수이며, $0<a<1$일 경우 $y=\log_a x$은 감소하는 함수로 그래프는 아래 그림과 같다.

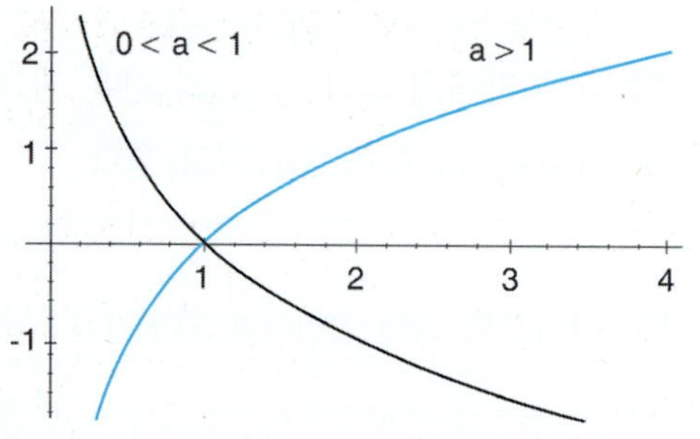

밑수가 특히 e인 로그함수를 자연로그함수(natural logarithmic function)라 하며 $\ln x$로 나타낸다. 여기서 $e=\lim_{n\to\infty}\left(1+\frac{1}{n}\right)^n=2.71828\cdots$인 무리수로 네이피어 상수라 한다.

정리 3.4

$a>0$이고 $a\neq 1$라고 하자. $x>0$, $y>0$에 대하여 다음이 성립한다.

(1) $\log_a a=1$, $\log_a 1=0$

(2) $\log_a(xy)=\log_a x+\log_a y$

(3) $\log_a \frac{x}{y}=\log_a x-\log_a y$

(4) $\log_a x^k=k\log_a x$, k는 상수

(5) $\log_a x=\frac{\log_c x}{\log_c a}$, 단 $c>0$, $c\neq 1$

(6) $\log_a x=\frac{1}{\log_x a}$, 단 $x\neq 1$

(7) $a^{\log_a x}=x$, $e^{\ln x}=x$

(8) $a^{\log_b c}=c^{\log_b a}$

3.4 삼각함수

물건 값을 결재할 때 국내에서는 원화를 이용하는 것이 편리한 반면, 무역을 하기 위해서는 달러화로 결재하는 것이 편리하다. 예를 들어보자. 1달러를 1000원이라고 가정하면 30만원짜리 스마트폰은 300달러가 된다. 반대로 1000달러짜리 자전거는 100만원이 된다. 이러한 환전을 하기 위해서 필요한 것은 단지 1달러는 1000원 또는 1원은 1000분의 1달러라는 사실뿐이다.

어떤 점을 중심으로 일정한 거리에 모여 있는 도형을 원이라 한다. 그 점을 중심으로 원을 360번 균등하게 나눈 그 하나를 1°(도, degree)라고 한다. 따라서 원을 이루고 있는 각도는 360°이다. 한편 호의 길이가 반지름의 길이와 같을 때 그 중심각은 반지름의 길이와 관계없이 항상 같다. 이 중심각을 1라디안(radian)이라고 정의하면 각도는 라디안으로 측정할 수 있다. 원을 1°로 나누면 360개가 생기나 1라디안으로 나누면 2π개, 즉 6개 남짓 생긴다.

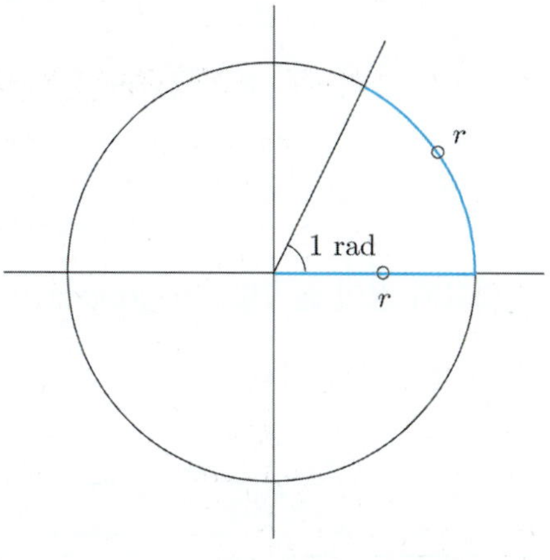

1라디안의 각도를 α^0라 하자. 그러면 반지름이 r인 원에서 중심각 360°에 대응하는 호의 길이인 원둘레는 $2\pi r$이므로 라디안과 각도의 관계는 $360 : \alpha = 2\pi r : r$이므로 $\alpha = \dfrac{180}{\pi}$이다. 그러므로

$$1\text{라디안} = \frac{180}{\pi}\text{도},\ 1\text{도} = \frac{\pi}{180}\text{라디안}$$

이 된다. 따라서 $360^0 = 2\pi$라는 관계식이 성립한다. 이처럼 라디안은 반지름의 길이와는 상관이 없고 1라디안은 약 $57°17'45''$가 된다. 이와 같이 중심각의 크기를 반지름이 1일 때 대응하는 호의 길이로 나타내는 방법을 호도법이라 하며 사용하는 단위를 라디안이라 하나 보통 라디안을 생략한다. 특수각을 라디안으로 나타내면 다음과 같다.

특수각	$0°$	$30°$	$45°$	$60°$	$90°$	$180°$	$360°$
라디안	0	$\frac{\pi}{6}$	$\frac{\pi}{4}$	$\frac{\pi}{3}$	$\frac{\pi}{2}$	π	2π

1달러가 1000원이듯 1라디안은 57도를 약간 넘는 $\frac{180}{\pi}$도가 된다. 원화로 책정된 물건값을 달러로 환전하듯이 원의 한 바퀴를 각도 대신 라디안으로 표시하면 매우 편리하다. 예를 들어 반지름이 r일 때 원둘레는 $2\pi r$이고 원의 면적은 πr^2이다. 호의 중심각이 θ라디안일 때 호의 길이를 ℓ이라 하면 $2\pi : 2\pi r = \theta : \ell$이므로 $\ell = r\theta$가 된다. 같은 방법으로 중심각 θ라디안에 대응하는 부채꼴의 면적을 s라 하면 $s = \frac{1}{2}r^2\theta$가 된다. 따라서 호의 중심각이 θ라디안일 때 대응하는 호의 길이와 면적은 다음과 같다.

$$\ell = r\theta,\ \ s = \frac{1}{2}r^2\theta = \frac{1}{2}r\ell$$

정의 3.4

xy-평면에서 반지름이 r인 원 위의 한 점 $P(a,\ b)$에서 원점을 잇는 선분까지 x축에서 이루는 각을 θ라 하고 다음과 같이 삼각함수(trigonometric function)를 정의한다. 여기서 $r = \sqrt{a^2 + b^2}$로 선분의 길이이다.

$$\sin\theta = \frac{b}{r},\ \ \cos\theta = \frac{a}{r},\ \ \tan\theta = \frac{b}{a}$$

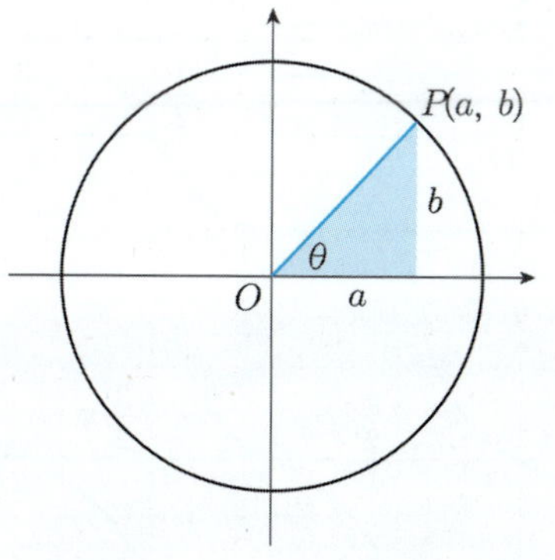

직각삼각형에서 빗변의 길이는 항상 다른 두 변의 길이보다 크므로 $\sin\theta$와 $\cos\theta$는 1보다 항상 작다. 또한 $\tan\theta = \frac{\sin\theta}{\cos\theta}$이다. 특수각일 때 함숫값은 피타고라스 정리에 의하여 쉽게 얻을 수 있으며 이때 각 삼각함수의 값은 다음 표와 같다.

θ	0	$\frac{\pi}{6}$	$\frac{\pi}{4}$	$\frac{\pi}{3}$	$\frac{\pi}{2}$
$\sin\theta$	0	$\frac{1}{2}$	$\frac{1}{\sqrt{2}}$	$\frac{\sqrt{3}}{2}$	1
$\cos\theta$	1	$\frac{\sqrt{3}}{2}$	$\frac{1}{\sqrt{2}}$	$\frac{1}{2}$	0
$\tan\theta$	0	$\frac{1}{\sqrt{3}}$	1	$\sqrt{3}$	∞

θ가 $\frac{\pi}{2}$와 π 사이에 있으면 a만 음수이므로 $\cos\theta$와 $\tan\theta$의 값만 음수가 되고, π와 $\frac{3}{2}\pi$ 사이에 있으면 a와 b가 모두 음수이므로 $\sin\theta$와 $\cos\theta$의 값만 음수가 된다. $\frac{3}{2}\pi$와 2π 사이에 있으면 b만 음수이므로 $\sin\theta$와 $\tan\theta$의 값만 음수가 된다. 삼각함수의 그래프는 다음과 같다.

(1) $y = \sin\theta$

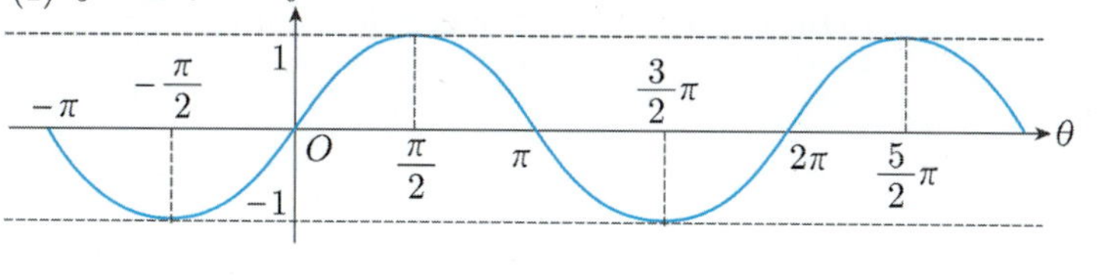

1. 옥타브 사용하기
2. 선형대수
3. 함수와 수열
4. 미분
5. 확률과 통계
6. 최소제곱법과 경사하강법
7. 인공지능

(2) $y = \cos\theta$

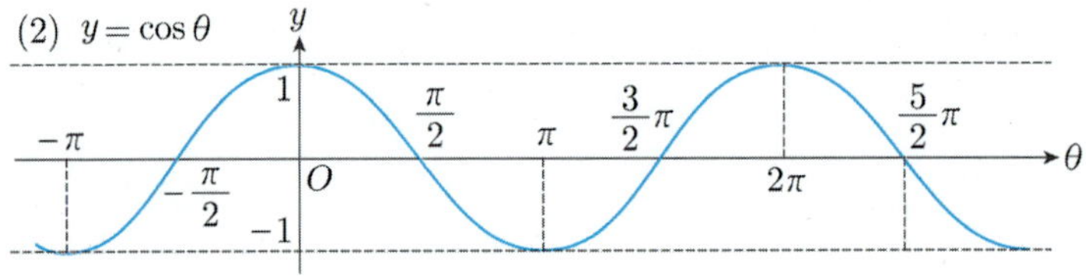

(3) $y = \tan\theta$

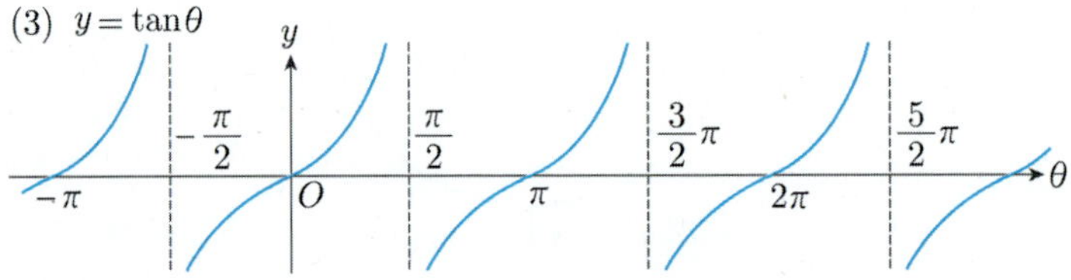

즉 $\sin(\theta + 2\pi) = \sin\theta$, $\cos(\theta + 2\pi) = \cos\theta$, $\tan(\theta + \pi) = \tan\theta$이므로 $\sin\theta$와 $\cos\theta$는 주기가 2π인 주기함수이고, $\tan\theta$는 주기가 π인 주기함수이다.

정의 3.5

각 삼각함수의 역수를 다음과 같이 정의한다.

$$\csc\theta = \frac{1}{\sin\theta},\ \sec\theta = \frac{1}{\cos\theta},\ \cot\theta = \frac{1}{\tan\theta}$$

유익한 삼각함수에 관한 공식은 다음과 같다. 여기서 $\sin^2\theta = (\sin\theta)^2$을 뜻한다.

삼각함수의 공식

(1) $\sin(-\theta) = -\sin\theta$, $\cos(-\theta) = \cos\theta$, $\tan(-\theta) = -\tan\theta$

(2) $\sin^2\theta + \cos^2\theta = 1$, $\tan^2\theta + 1 = \sec^2\theta$, $1 + \cot^2\theta = \csc^2\theta$

(3) $\sin(x + y) = \sin x \cos y + \cos x \sin y$

$\cos(x + y) = \cos x \cos y - \sin x \sin y$

(4) $\sin 2x = 2\sin x \cos x$, $\cos 2x = 1 - 2\sin^2 x = 2\cos^2 x - 1$, $\tan 2x = \dfrac{2\tan x}{1 - \tan^2 x}$

(5) $\sin^2\dfrac{x}{2} = \dfrac{1 - \cos x}{2}$, $\cos^2\dfrac{x}{2} = \dfrac{1 + \cos x}{2}$

(6) $a\sin x + b\cos x = r\sin(x + \alpha)$, 단 $r = \sqrt{a^2 + b^2}$, $\tan\alpha = \dfrac{b}{a}$

3.5 활성함수

활성함수란 인공지능에서 사용되는 것으로 인공지능의 모델의 표현력을 높이기 위해 자주 사용하는데 복잡한 데이터들의 관계를 다양한 활성함수를 이용하여 좀 더 잘 파악할 수 있도록 만들 수 있다. 이러한 활성함수로 사용되는 함수에 대하여 알아본다.

계단함수라 불리는 $r(x)=\begin{cases} 1, & x \geq 0 \\ -1, & x < 0 \end{cases}$ 가 갖는 값은 -1과 1이며 그래프는 다음과 같다. 즉 0보다 작으면 모두 -1, 크면 모두 1이 되는 함수이다.

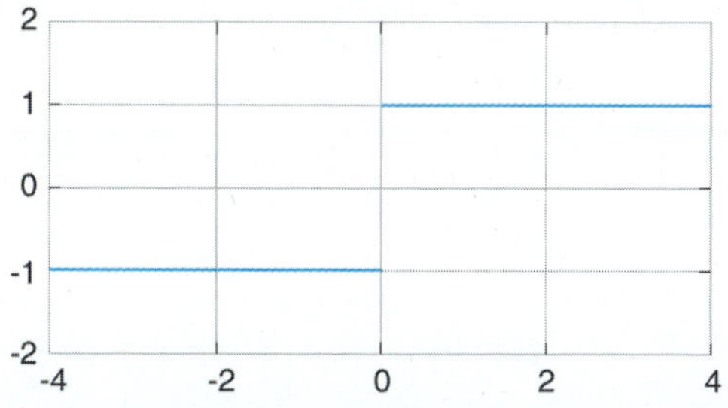

```
>> x1=linspace(-4,0); x2=linspace(0,4);
>> y1=-1*ones(1,length(x1)); y2=ones(1,length(x2));
>> plot(x1,y1, x2,y2)
>> axis([-4,4,-2,2])
```

시그모이드 함수라 불리는 $r_a(x)=\dfrac{1}{1+e^{-ax}}$, $a>0$가 갖는 범위는 $(0,\ 1)$로 그래프는 다음과 같다.

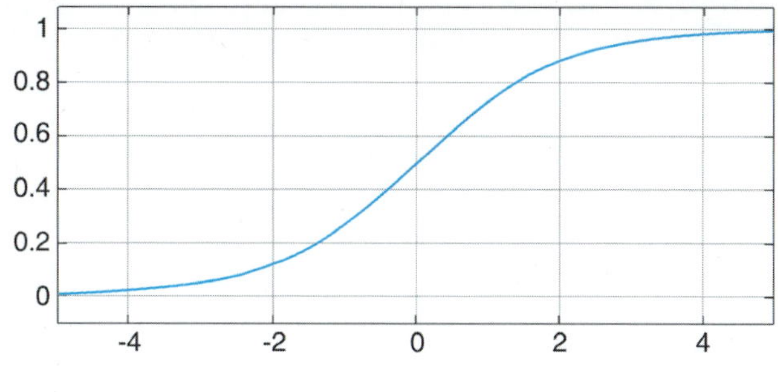

```
>> x=linspace(-5,5); y=1./(1+exp(-x));
>> plot(x,y)
>> axis([-5,5,-0.1,1.1])
```

하이퍼볼릭탄젠트 함수라 불리는 $r_a(x)=\dfrac{2}{1+e^{-ax}}-1$가 갖는 범위는 $(-1,\ 1)$로 $r_1(x)$의 그래프는 다음과 같다.

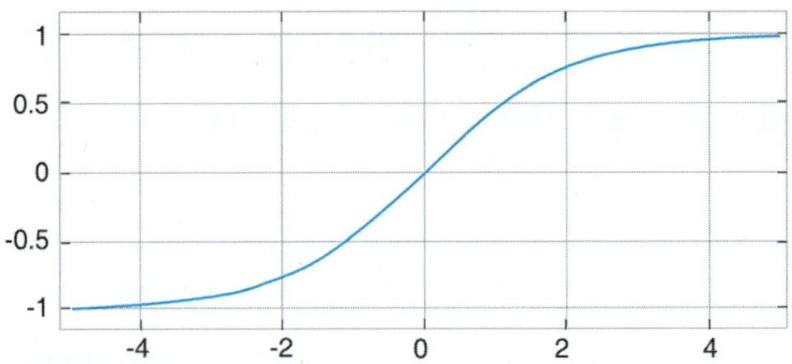


```
>> x=linspace(-5,5); y=1./(1+exp(-x));
>> plot(x,y)
>> axis([-5,5,-1.1,1.1])
```

하이퍼볼릭탄젠트 함수 $\tanh(x)$는 미분적분학에서 원래 $\tanh(x)=\dfrac{e^x-e^{-x}}{e^x+e^{-x}}$으로 정의한다. 여기서는 $r_2(x)=\dfrac{2}{1+e^{-2x}}-1=\dfrac{1-e^{-2x}}{1+e^{-2x}}=\dfrac{e^x-e^{-x}}{e^x+e^{-x}}$이므로 $r_2(x)=\tanh(x)$이다.

소프트플러스 함수라 불리는 $r(x)=\ln(1+e^x)$가 갖는 범위는 $(0,\ \infty)$로 그래프는 다음과 같다.

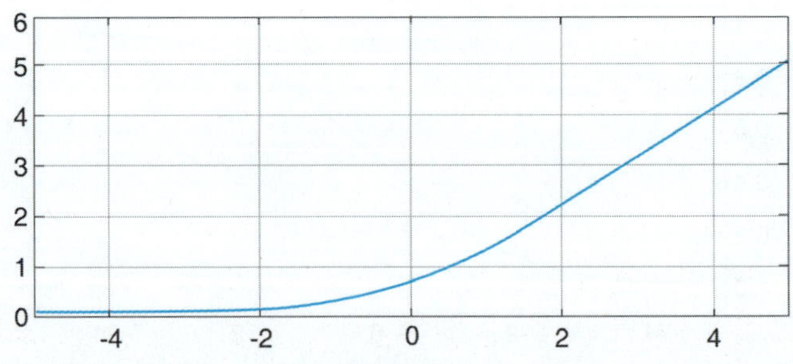

```
>> x=linspace(-5,5); y=log(1+exp(x));
>> plot(x,y);
>> axis([-5,5, -0.1,6]);
```

렉티파이어 함수라 불리는 $r(x) = \max(0, x)$가 갖는 범위는 $[0, \infty)$로 그래프는 다음과 같다.

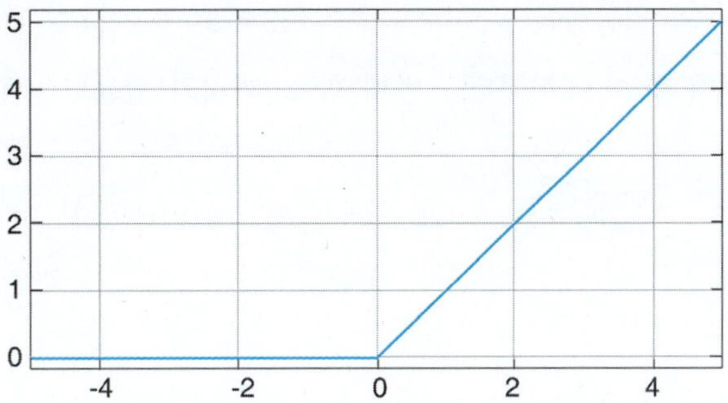


```
>> x1=linspace(-5,0); x2=linspace(0,5);
>> y1=0*ones(1,length(x1)); y2=x2;
>> plot(x1,y1, x2,y2)
>> axis([-5,5,-0.1,5.1])
```

3.6 수열

수열(sequence)은 말 그대로 수의 나열이다. 예를 들어 2, 5, 7, 9, …. 일반적으로 다음과 같은 수의 나열을 살펴보자.

$$a_1,\ a_2,\ a_3,\ \cdots,\ a_k,\ \cdots$$

여기서 a_1을 첫 번째 항이라 하고 a_k는 이 수열의 k번째 항이다. 수열은 자연수에서 실수로 가는 함수 $a : N \to R$로 $a(k) = a_k$로 정의한 것과 같다. 3, 5, 7, 9, …와 같이 일정한 수(여기서는 2)를 더하여 만들어진 수열을 등차수열이라 한다. 이때 첫 번째 항을 3, 공차를 2라고 한다. 일반적으로 초항을 a라 하고 더하여진 일정한 수 공차를 d로 나타내면 등차수열은 다음과 같다.

$$a,\ a+d,\ a+2d,\ \cdots,\ a+kd,\ \cdots$$

이 수열의 n번째 항은 $a_n = a+(n-1)d$이며 이를 이 등차수열의 일반항이라 한다. 따라서 수열 3, 5, 7, 9, ⋯의 일반항은 $a_n = 3+(n-1)2 = 2n+1,\ n \geq 1$이다.

등차수열의 첫 번째 항 a_1에서부터 n번째 항 a_n까지의 합은

$$\sum_{k=1}^{n} a_k = a_1 + a_2 + \cdots + a_n = \frac{1}{2}n(a_1 + a_n)$$

이 된다.

> 등차수열에서 첫 번째 항 a부터 n번째 항 ℓ까지의 합은 다음과 같다.
>
> $$\frac{1}{2}n(a+\ell)$$

따라서 자연수의 합은 다음과 같다.

$$\sum_{k=1}^{n} k = 1+2+3+\cdots+n = \frac{1}{2}n(n+1)$$

예제 | 3.2

초항이 10이고 공차가 5인 등차수열의 100번째 항까지의 합은 얼마인가?

풀이

일반항은 $a_n = 10+(n-1)5$이므로 100번째 항은 505이다. 따라서 $\frac{1}{2}\times 100(10+505) = 25750$이다.

1, 2, 4, 8, 16, ⋯와 같이 일정한 수(여기서는 2)를 곱하여 만들어진 수열을 등비수열이라 한다. 이때 1을 첫 번째 항, 곱하여진 일정한 수 2를 공비라고 한다. 일반적으로 첫 번째

항을 a라 하고 곱하여진 일정한 수 공비를 r로 나타내면 등비수열은 다음과 같다.

$$a,\ ar,\ ar^{2,}\ \cdots,\ ar^{k},\ \cdots$$

이 수열의 n번째 항은 $a_n = ar^{n-1}$이며 이를 이 등비수열의 일반항이라 한다. 따라서 수열 1, 2, 4, 8, 16, ⋯의 일반항은 $a_n = 2^{n-1},\ n \geq 1$이다.

첫 번째 항이 a이고 공비가 r인 등비수열의 첫 번째 항에서부터 n번째 항까지의 합은

$$\sum_{k=1}^{n} ar^{k-1} = \begin{cases} \dfrac{a(1-r^n)}{1-r}, & r \neq 1 \\ na, & r = 1 \end{cases}$$

이 된다.

첫 번째 항이 a이고 공비가 r인 등차수열의 n번째 항까지의 합은 다음과 같다.

$$\begin{cases} \dfrac{a(1-r^n)}{1-r}, & r \neq 1 \\ na, & r = 1 \end{cases}$$

예제 | 3.3

수열 $1+3+3^2+3^3+\cdots+3^{n-1}$의 합은 얼마인가?

풀이

초항이 1이고 공비가 3인 등비수열의 n번째 항까지의 합이므로 다음과 같다.

$$\frac{1-3^n}{1-3} = \frac{1}{2}(3^n-1)$$

정리 3.5 수열의 합

(1) $\sum_{k=1}^{n} c = cn$, 단 c는 상수

(2) $\sum_{k=1}^{n} k = \frac{1}{2}n(n+1)$

(3) $\sum_{k=1}^{n} k^2 = \frac{1}{6}n(n+1)(2n+1)$　　(4) $\sum_{k=1}^{n} k^3 = \left\{\frac{1}{2}n(n+1)\right\}^2$

정리 3.6 수열의 연산

(1) $\sum_{k=1}^{n}(a_k + b_k) = \sum_{k=1}^{n} a_k + \sum_{k=1}^{n} b_k$　　(2) $\sum_{k=1}^{n} ca_k = c\sum_{k=1}^{n} a_k$

합은 $\sum$으로 나타내며 곱은 $\prod$로 나타낸다. 즉

$$\prod_{k=1}^{n} a_k = a_1 a_2 a_3 \cdots a_n$$

3.7 공간에서의 직선과 평면

xy-평면 위의 한 점 $P_0(x_0,\ y_0)$를 지나고 벡터 $v = \begin{pmatrix} a \\ b \end{pmatrix}$ 방향의 직선이 있다고 하자. 이 직선의 방정식을 구하기 위해 직선 위의 임의의 점을 $P(x, y)$라 하자.

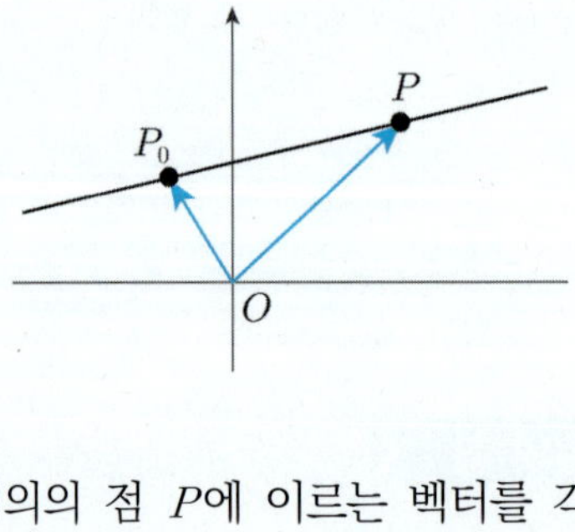

원점에서 주어진 점 P_0와 임의의 점 P에 이르는 벡터를 각각 $r_0 = \overrightarrow{OP_0}$와 $r = \overrightarrow{OP}$라 하면 적당한 t가 있어 $r - r_0 = tv$ 또는 $r = r_0 + tv$이다. 즉 $\begin{pmatrix} x \\ y \end{pmatrix} = \begin{pmatrix} x_0 \\ y_0 \end{pmatrix} + t\begin{pmatrix} a \\ b \end{pmatrix}$가 되어

$$x = x_0 + at,\ y = y_0 + bt \text{ 또는 } \frac{x - x_0}{a} = \frac{y - y_0}{b}$$

가 된다. 또한 이 방정식은 $y = \frac{b}{a}(x - x_0) + y_0$와 같다.

마찬가지로 xyz-공간 위의 한 점 $P_0(x_0, y_0, z_0)$를 지나고 벡터 $v = \begin{pmatrix} a \\ b \\ c \end{pmatrix}$ 방향의 직선 위에 있는 점 $P(x, y, z)$에 대하여 $r_0 = \overrightarrow{OP_0}$, $r = \overrightarrow{OP}$라 하자.

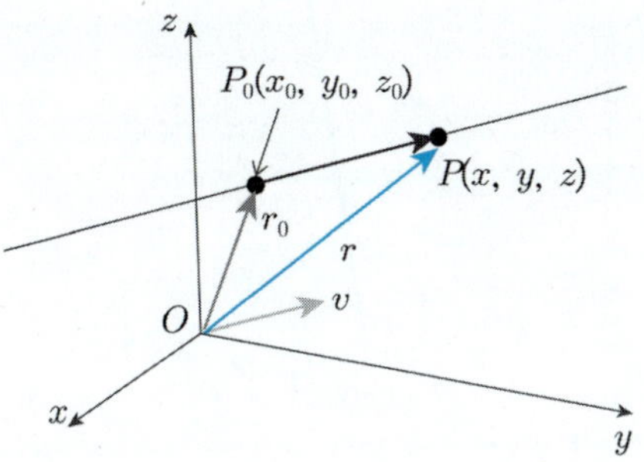

그러면 $r = r_0 + tv$이고, 따라서 $\begin{pmatrix} x_0 \\ y_0 \\ z_0 \end{pmatrix} + t\begin{pmatrix} a \\ b \\ c \end{pmatrix} = \begin{pmatrix} x \\ y \\ z \end{pmatrix}$가 되어

$$x = x_0 + at,\ y = y_0 + bt,\ z = z_0 + ct \text{ 또는 } \frac{x - x_0}{a} = \frac{y - y_0}{b} = \frac{z - z_0}{c}$$

가 된다. 변수 t가 들어있는 방정식을 매개방정식, 없는 방정식을 대칭방정식이라 한다. 대칭방정식에서 분모의 항이 0이면 그 위의 분수도 0이 된다. 예를 들어 $b = 0$이면 방정식은 $\frac{x - x_0}{a} = \frac{z - z_0}{c}$, $y = y_0$이 된다.

> 한 점 $P_0(x_0, y_0, z_0)$를 지나고 기울기가 $\begin{pmatrix} a \\ b \\ c \end{pmatrix}$인 직선의 방정식은 다음과 같다.
>
> $$\frac{x - x_0}{a} = \frac{y - y_0}{b} = \frac{z - z_0}{c}$$

예제 | 3.4

공간 위의 한 점 $P_0(1,\ 2,\ 3)$를 지나고 벡터 $\begin{pmatrix} 1 \\ 1 \\ 1 \end{pmatrix}$ 방향의 직선의 방정식을 구하면 다음과 같다.

$$x = 1 + t,\ \ y = 2 + t,\ \ z = 3 + t \text{ 또는 } x - 1 = y - 2 = z - 3$$

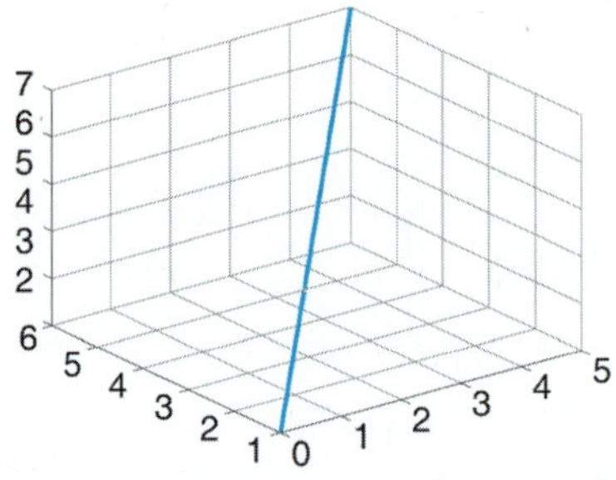


```
>> t=[-1,2,3,4]; x=1+t; y=2+t; z=3+t;
>> plot3(x,y,z)
```

xy-평면 위의 두 점 $A(x_0,\ y_0)$와 $B(x_1,\ y_1)$를 지나는 직선 위의 임의의 점을 $P(x,\ y)$라고 하자. 그러면 점 A(또는 B)와 점 P를 잇는 직선의 기울기는 점 A와 B를 잇는 직선의 기울기와 같으므로

$$\frac{x - x_0}{x_1 - x_0} = \frac{y - y_0}{y_1 - y_0} \text{ 또는 } \frac{x - x_1}{x_1 - x_0} = \frac{y - y_1}{y_1 - y_0}$$

가 된다. 마찬가지로 xyz-공간 위의 두 점 $(x_0,\ y_0,\ z_0)$, $(x_1,\ y_1,\ z_1)$를 지나는 직선이라면 그 직선의 방정식은

$$\frac{x - x_0}{x_1 - x_0} = \frac{y - y_0}{y_1 - y_0} = \frac{z - z_0}{z_1 - z_0} \text{ 또는 } \frac{x - x_1}{x_1 - x_0} = \frac{y - y_1}{y_1 - y_0} = \frac{z - z_1}{z_1 - z_0}$$

가 된다.

두 점 (x_0, y_0, z_0), (x_1, y_1, z_1)를 지나는 직선의 방정식은 다음과 같다.

$$\frac{x-x_0}{x_1-x_0}=\frac{y-y_0}{y_1-y_0}=\frac{z-z_0}{z_1-z_0}$$

위 식에서 만일 분모가 0이면 분자도 0이 되어야 한다.

예제 | 3.5

(1) 공간 위의 두 점 $(1, 2, 3)$, $(4, 7, 9)$를 지나는 직선은 $\frac{x-1}{3}=\frac{y-2}{5}=\frac{z-3}{6}$이다.

(2) 공간 위의 두 점 $(1, 2, 3)$, $(1, 7, 9)$를 지나는 직선은 $x=1$, $\frac{y-2}{5}=\frac{z-3}{6}$이다.

$P_0(x_0, y_0, z_0)$을 지나고 벡터 $\begin{pmatrix} a \\ b \\ c \end{pmatrix}$에 수직인 평면을 구하여 보자. 평면 위의 임의의 점을 $P(x,y,z)$라 하면 두 점을 지나는 벡터 $\begin{pmatrix} x-x_0 \\ y-y_0 \\ z-z_0 \end{pmatrix}$와 $\begin{pmatrix} a \\ b \\ c \end{pmatrix}$이 수직이므로 두 벡터의 곱

$$\begin{pmatrix} x-x_0 \\ y-y_0 \\ z-z_0 \end{pmatrix} \cdot \begin{pmatrix} a \\ b \\ c \end{pmatrix} = 0$$

가 된다. 따라서 이 평면의 방정식은

$$a(x-x_0)+b(y-y_0)+c(z-z_0)=0$$

이 된다. 이를 $P_0(x_0, y_0, z_0)$을 지나고 벡터 $n=\begin{pmatrix} a \\ b \\ c \end{pmatrix}$에 수직인 평면이라고 한다. 이 평면의 방정식을 정리하면 $ax+by+cz+d=0$와 같은 형태가 된다.

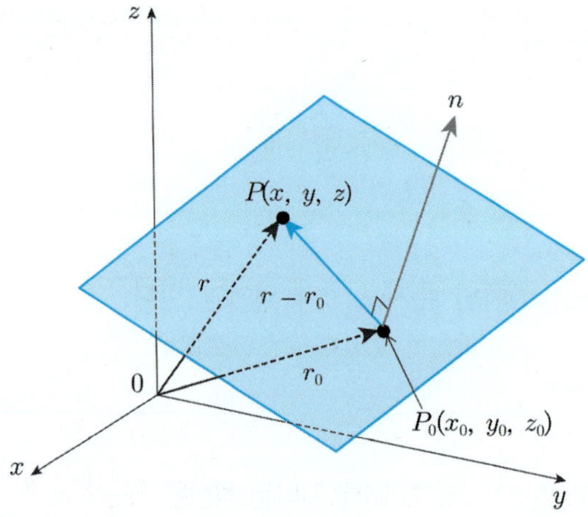

예제 | 3.6

점 $(1,\ 2,\ 3)$을 지나고 벡터 $(1,\ 1,\ 1)$에 수직인 평면은 $(x-1)+(y-2)+(z-3)=0$으로 $x+y+z=6$이 된다.

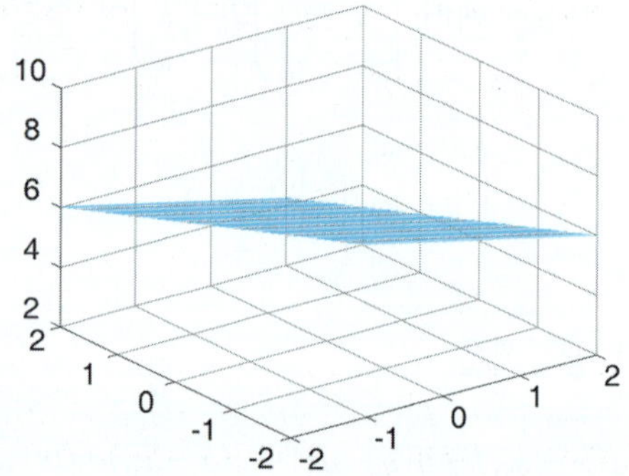

```
>> [x,y]=meshgrid(-2:0.1:2);
>> z=6-x-y;
>> plot3(x,y,z)
```

3.8 다변수함수와 벡터함수

D가 실수 R의 부분집합일 때, 모든 $x \in D$에 대하여 단 하나의 실수 $f(x)$가 존재하면 f를 일변수함수라 하며 $f: D \to R$로 나타냈다. 마찬가지로 D가 R^2의 부분집합일 때도 정의할 수 있다. 즉 $D \subset R^2$이고 모든 $(x, y) \in D$에 대하여 단 하나의 실수 $f(x, y)$가 존재하면 독립변수는 x, y 둘이므로 $f: D \to R$를 이변수함수라 한다. 이때 D는 정의역이고, $f(D)$는 치역이다. 또한 $\{(x,y,f(x,y)) \mid (x,y) \in D\}$는 f의 그래프이다.

정의 3.6

$D \subset R^2$이고 모든 $(x, y) \in D$에 대하여 단 하나의 실수 $f(x, y)$가 존재하면 f를 이변수함수라 한다.

예를 들어 함수 $f(x, y) = x^2 + y^2$은 변수가 x, y 둘이므로 이변수함수라 한다. 이처럼 변수가 둘 이상인 함수를 변수가 하나인 일변수함수에 대응하여 다변수함수라 한다.

정의 3.7

$D \subset R^n$이고 모든 $(x_1, x_2, \cdots, x_n) \in D$에 대하여 단 하나의 실수 $f(x_1, x_2, \cdots, x_n)$가 존재하면 f를 n변수함수라 한다. 여기서 독립변수는 $x_1, x_2, \ldots, x_n$ n개이다.

예를 들어 $f(x, y) = x^2 + y^2$은 $f: R^2 \to R$로 가는 이변수함수로 그래프는 다음과 같다.

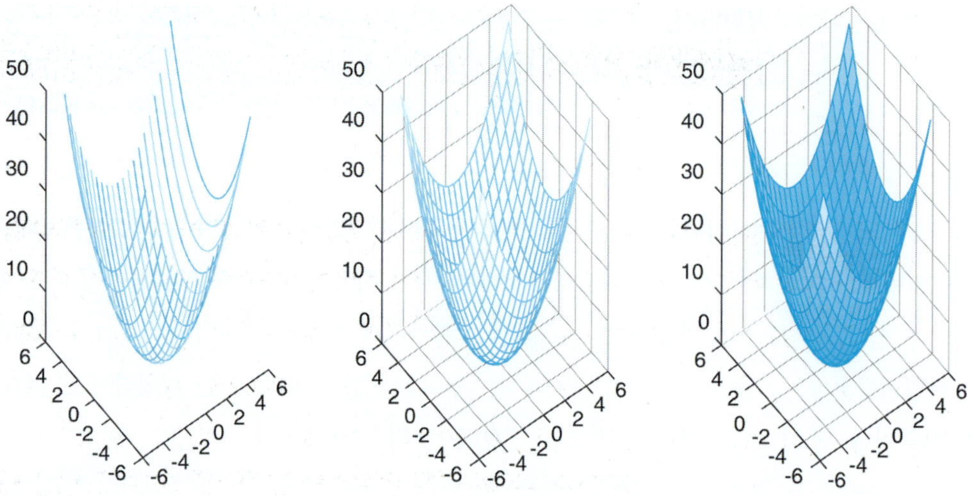


```
>> [x, y ]= meshgrid(-5:0.5:5);
>> z = x.^2+y.^2;
>> subplot(1,3,1): plot3(x,y,z);
>> subplot(1,3,2): mesh(x,y,z);
>> subplot(1,3,3): surf(x,y,z);
```

함숫값이 벡터인 함수를 벡터함수라 하며 일반적으로 벡터함수는 $f: R^n \rightarrow R^m$으로 다음과 같이 정의한다.

$$f(x_1, x_2, \cdots, x_n) = (f_1(x_1, x_2, \cdots, x_n), \cdots, f_m(x_1, x_2, \cdots, x_n))$$

또는

$$f\begin{pmatrix} x_1 \\ x_2 \\ \vdots \\ x_n \end{pmatrix} = f_1\begin{pmatrix} x_1 \\ x_2 \\ \vdots \\ x_n \end{pmatrix}, \cdots, f_m\begin{pmatrix} x_1 \\ x_2 \\ \vdots \\ x_n \end{pmatrix}$$

와 같이 나타낸다. 여기서 $f_i: R^n \rightarrow R$으로 가는 다변수함수이다.

R^n에서 R^m으로 가는 선형변환 역시 벡터함수이다. $T\begin{pmatrix} x_1 \\ x_2 \end{pmatrix} = \begin{pmatrix} x_1 - x_2 \\ x_1 + x_2 \\ 2x_1 + 3x_2 \end{pmatrix}$은 $T: R^2 \rightarrow R^3$인 벡터함수이고, $F\begin{pmatrix} x_1 \\ x_2 \\ x_3 \end{pmatrix} = \begin{pmatrix} x_1 - x_2 \\ x_2 + x_3 \end{pmatrix}$은 $F: R^3 \rightarrow R^2$인 벡터함수이다.

예제 | 3.7

다음은 벡터함수이다.

(1) $f: R \rightarrow R^2$, $f(x) = (\sin x,\ \cos x)$

(2) $f: R^2 \rightarrow R^2$, $f(x,\ y) = (x+y,\ x-y)$

(3) $f: R^3 \rightarrow R^2$, $f(x,\ y,\ z) = (x+y,\ y+z)$

3장 연습문제

01 다음 두 점을 지나는 직선 또는 주어진 기울기에 한 점을 지나는 직선의 방정식을 구하라.

(1) (-1, 2), (2, 1) (2) (0,3), (2,0) (3) (2, -1), (3, 4)

(4) -2, (3,4) (5) 3, (2,1) (6) 0, (3,7)

02 지수함수와 로그함수에 관하여 다음의 값을 구하라.

(1) $e^{3\ln 2}$ (2) $\log_{10}25+\log_{10}40$

(3) $\log_5 5^{\sqrt{2}}$ (4) $\ln(x+1)+\ln(x-1)=1$

(5) $4^{x^2}=2^{5x-2}$ (6) $\log_{10}(x+1)=4$

03 각도를 라디안으로, 라디안을 각도로 바꾸어라.

(1) $15°$ (2) $120°$ (3) $-270°$

(4) -3π (5) $\frac{5\pi}{4}$ (6) $\frac{7\pi}{3}$

04 다음을 보여라.

(1) $\sin^2\theta+\cos^2\theta=1$ (2) $\tan^2\theta+1=\sec^2\theta$ (3) $\sin 2x=2\sin x\cos x$

05 다음을 합성하라.

(1) $\sqrt{3}\sin x-\cos x$ (2) $\sin x+\cos x$ (3) $\sin x+\sqrt{3}\cos x$

06 다음 등차수열의 일반항을 구하고 100번째 항까지의 합을 구하라.

(1) $2, 5, 8, 11, \cdots$ (2) $9, 7, 5, 3, \cdots$ (3) $-3, 2, 7, 12, \cdots$

07 다음 등비수열의 일반항을 구하고 10번째 항까지의 합을 구하라.

(1) $1, \frac{1}{2}, \frac{1}{4}, \frac{1}{8}, \cdots$ (2) $1, -\frac{2}{3}, \frac{4}{9}, -\frac{8}{27}, \cdots$ (3) $2, 4, 8, 16, \cdots$

08 다음 직선의 방정식을 구하라.

(1) 점 (1, 3, 2)를 지나고 (0, 1, 2)에 평행

(2) 점 (-2, 3, 1)를 지나고 (1, 2, 3)에 평행

(3) 점 (-2, 3, 1)을 지나고 $x = \frac{y}{2} = -\frac{z}{3}$에 평행

(4) 두 점 (1, 2, 3)과 (-1, 2, -2)을 지나는

09 다음 평면의 방정식을 구하라.

(1) (1, -1, 1)에 수직이고 (0, 1, 2)을 지나는

(2) $2x+3y-z=5$에 평행하고 (-1, 1, 1)을 지나는

(3) 세 점 (1, 1, 1), (2, 3, 4), (3, 2, 1)을 지나는

10 다음 벡터함수를 행렬과 벡터의 곱으로 나타내라.

(1) $T\begin{pmatrix} x_1 \\ x_2 \end{pmatrix} = \begin{pmatrix} x_1 - x_2 \\ x_1 + x_2 \\ 2x_1 + 3x_2 \end{pmatrix}$ (2) $F\begin{pmatrix} x_1 \\ x_2 \\ x_3 \end{pmatrix} = \begin{pmatrix} x_1 - x_2 \\ x_2 + x_3 \end{pmatrix}$

(3) $f(x, y) = (x+y, \ x-y)$ (4) $f(x, y, z) = (x+y, \ y+z)$

옥타브로 배우는 인공지능을 위한 기초수학

4
미분

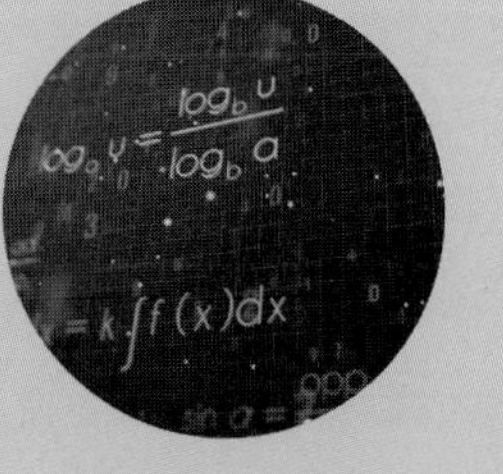

연속함수 위의 꺾임이 없는 또는 매끄러운 한 지점에서 얼마나 변화하는지 그 양을 미분으로 나타내며, 이때 그 점에서 미분이 가능하다고 한다. 모든 곳에서 미분이 가능할 때 함수의 미분 또는 도함수를 정의할 수 있다. 따라서 도함수가 존재하는 곳에서는 그 선 또는 면이 각을 지지 않고 매끄럽다. 미분은 인공지능의 분야인 기계학습, 딥러닝, 신경망, 최소제곱법, 경사하강법 등 많은 곳에서 활용되고 있다. 이 단원에서 다루는 내용은 다음과 같다.

극한과 연속, 미분계수와 도함수, 도함수의 성질, 최대최소
그래프의 모양, 뉴턴 방법, 편도함수, 방향도함수, 기울기벡터

4.1 극한과 연속

다음 두 함수 $f(x)$와 $g(x)$를 살펴보자.

$$f(x)=\begin{cases} \dfrac{x^2-1}{x-1} & \text{if } x \neq 1 \\ 3 & \text{if } x=1 \end{cases}, \quad g(x)=x+1$$

x의 값이 1이 아닌, 예를 들어 2로 가까이 가면 $\dfrac{x^2-1}{x-1}=x+1$이므로 두 함수는 모두 3으로 가까이 가며 $f(2)=g(2)$으로 서로 같다. 이때 3을 x의 값이 2로 갈 때 함수 $f(x)$ 또는 $g(x)$의 극한값이라고 한다. 그러나 x의 값이 1로 가까이 가면 $f(x)$와 $g(x)$는 2로 가까이 가서 극한값이 모두 2가 된다. 그러나 $f(1)=3$이지만 $g(1)=2$가 되어 $x=1$에서 그 함숫값이 서로 다르다. 한 점에서 극한값하고 함숫값이 같은 함수를 그 점에서 연속함수라 한다. 따라서 $g(x)$는 $x=1$에서 연속함수이지만 $f(x)$는 아니다. 즉 $f(x)$와 $g(x)$는 서로 다른 함수이다.

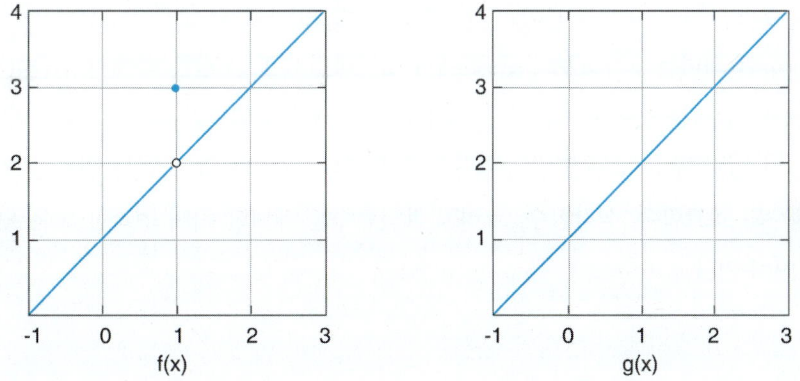


```
>> x=linspace(-1,3); y=x+1;
>> subplot(1,2,1); plot(x,y, 1,2, 'o', 1,3, '*');  xlabel('f(x)')
>> subplot(1,2,2); plot(x,y); xlabel('g(x)')
```

정의 4.1

x가 a로 가까이 갈 때 함수 $f(x)$가 가까이 가는 유일한 값을 $x=a$에서 $f(x)$의 극한값(limit)이라고 하며 $\lim_{x\to a} f(x)$라고 나타낸다. 이 극한값이 α라면 x가 a로 가까이 갈 때 함수 $f(x)$의 값은 α에 수렴(convergence)한다고 한다.

x가 a로 가까이 갈 때 $f(x)$가 가까이 가는 유일한 값이란 x가 a보다 작은 쪽에서 a로 가까이 가나 큰 쪽에서 a로 가까이 가나, 어느 방향에서든지 가까이 가면 수렴하는 값은 단 하나뿐이라는 뜻이다. 따라서 x가 a로 가까이 갈 때 함수 $f(x)$의 값이 서로 다른 두 개 이상의 수로 가까이 가거나 또는 무한대로 가까이 가면 발산(divergence)한다고 한다. 또한 x가 a로 가까이 간다는 뜻은 말 그대로 가까이 접근할 뿐이지 $x=a$가 된다는 뜻은 아니다. x가 a로 가까이 갈 때 $f(x)$의 극한값과 $x=a$에서 함숫값 $f(a)$가 같으면 이 함수를 연속함수라 한다.

정의 4.2

$x=a$에서 $f(x)$의 극한값이 $f(a)$이면 $f(x)$는 $x=a$에서 연속함수라 하며, $f(x)$가 영역 D의 모든 점에서 연속이면 $f(x)$는 D 위에서 연속함수(continuous function)라 한다.

D 위의 모든 점 $x=a$에서 $\lim_{x\to a} f(x)=f(a)$이면 $f(x)$를 D 위에서 연속함수라고 한다. 여기서 $x\to a$란 의미는 x가 a보다 큰 쪽에서 접근하던지 또는 작은 쪽에서 접근하던지 어느 쪽이든 상관이 없다는 뜻이다. 즉 어떤 영역 D 위에서 연속함수란 D에 속하는 어떤 점에서도 구멍이 나 있지 않고 모두 연결된 함수임을 뜻한다. 우리가 알고 있는 일차함수와 이차함수, 지수함수와 로그함수, 삼각함수, 그리고 계단함수를 제외한 이미 언급한 모든 활성함수는 모두 연속함수이다.

4.2 미분계수와 도함수

전혀 끊어짐이 없고 각진 곳도 없는 매끄러운 곡선의 한 지점에서 순간순간 변화하는 양은 그 점에 접하는 벡터의 기울기로 알 수 있다.

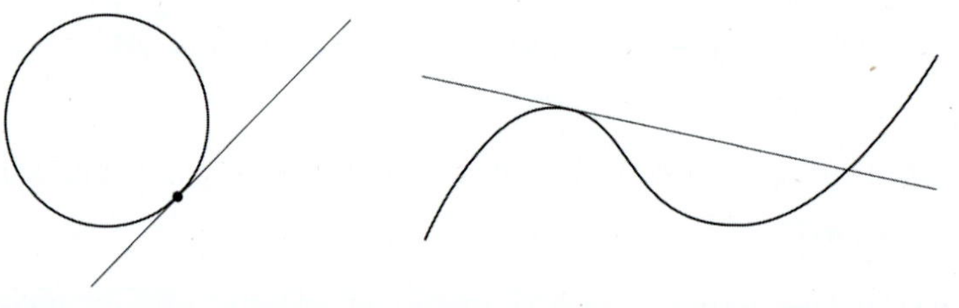

이 기울기를 그 곡선의 그 점에서 미분계수라 하며, 그 점을 지나고 그 기울기를 갖는 직선을 그 점에서 그 곡선의 접선이라고 한다.

이러한 접선의 기울기는 아래 그림에서 보듯이 구할 수 있다. 연속함수 $y=f(x)$ 위의 한 점 $P(a, f(a))$에서 기울기는 P와 또 다른 임의의 한 점 $Q(x, f(x))$의 기울기인 $\frac{f(x)-f(a)}{x-a}$의 극한 $\lim_{x\to a}\frac{f(x)-f(a)}{x-a}$으로 정의한다.

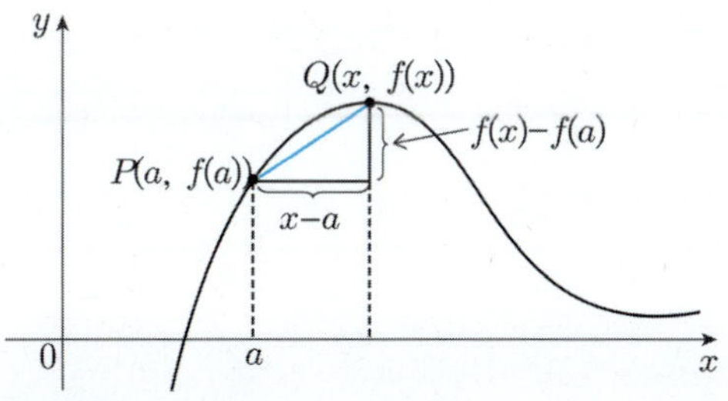

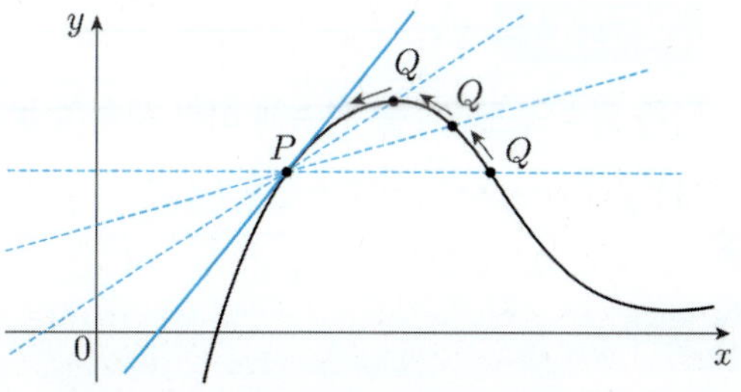

따라서 $m=\lim_{x\to a}\frac{f(x)-f(a)}{x-a}$라 하면 점 $P(a, f(a))$를 지나는 접선의 방정식은

$$y=m(x-a)+f(a)$$

이 된다. 만일 $x-a=h$라고 하면 기울기는 다음과 같이도 정의한다.

$$\lim_{h\to 0}\frac{f(a+h)-f(a)}{h}$$

이 접선의 기울기를 함수 $f(x)$의 $x=a$에서 미분계수라 하며 다음과 같이 정의한다.

$$f'(a)=\lim_{h\to 0}\frac{f(a+h)-f(a)}{h}$$

$x=a$에서 $f(x)$의 미분계수 $f'(a)$의 값이 존재하면 $f(x)$는 $x=a$에서 미분가능하다고 하며, 모든 점에서 미분가능하면 함수의 미분인 도함수는 다음과 같이 정의한다.

정의 4.3

모든 점에서 미분가능하면 $f(x)$의 도함수는 다음과 같다.

$$\lim_{h\to 0}\frac{f(x+h)-f(x)}{h}$$

이를 $f'(x)$ 또는 $\frac{df(x)}{dx}$로 나타낸다.

예제 | 4.1

다음 함수의 도함수를 약속에 따라 구하여 보자.

(1) $f(x)=x^2$　　　　(2) $g(x)=x^3$

풀이

(1) $f'(x)=\lim_{h\to 0}\frac{f(x+h)-f(x)}{h}=\lim_{h\to 0}\frac{(x+h)^2-x^2}{h}=\lim_{h\to 0}(2x+h)=2x$

(2) $g'(x)=\lim_{h\to 0}\frac{g(x+h)-g(x)}{h}=\lim_{h\to 0}\frac{(x+h)^3-x^3}{h}=\lim_{h\to 0}(3x^2-3xh+h^2)=3x^2$

약속한 바에 따라 주요 함수의 도함수를 구하면 다음과 같다. 여기서 $\ln x$는 밑수가 e인 자연로그함수로 $\log_e x$를 뜻한다.

$$(x^n)'=nx^{n-1} \qquad (\ln x)'=\frac{1}{x} \qquad (\log_a x)'=\frac{1}{x\ln a}$$

$$(e^x)'=e^x \qquad (a^x)'=a^x\ln a$$

$$(\cos x)'=-\sin x \qquad (\sin x)'=\cos x \qquad (\tan x)'=\sec^2 x$$

$$(\sec x)'=\sec x\tan x \qquad (\csc x)'=-\csc x\cot x \qquad (\cot x)'=-\csc^2 x$$

아래 그림에서 보듯이 함수와 도함수를 비교하면 함수가 감소하는 영역에서 도함수는 음수가 되고 증가하는 영역에서는 양수가 된다. 도함수가 증가에서 감소로 또는 감소에서 증가로 바뀌는 곳을 보면 곡선의 모양이 아래로 볼록한지 위로 볼록한지 알 수 있다. 다음 그림에서 위의 그림이 함수의 그래프이고 아래 그림이 도함수의 그래프이다.

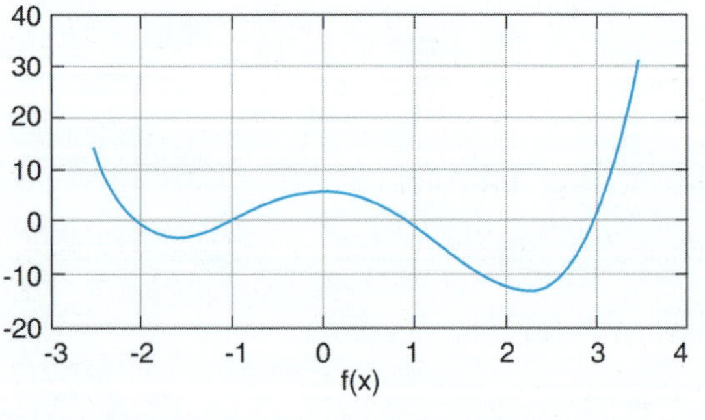

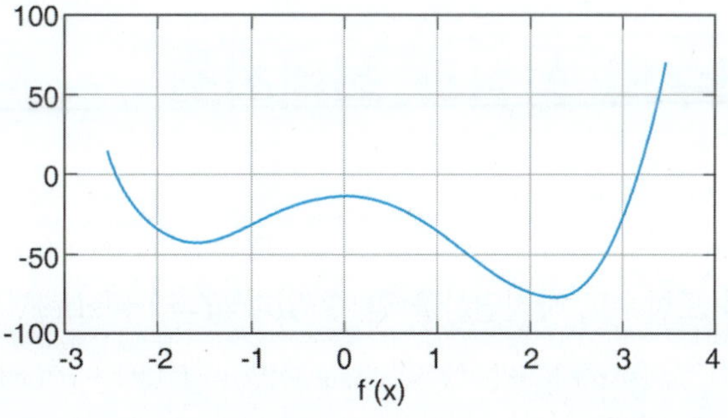


```
>> x=linspace(-2.5,3.5); y1=x.^4-x.^3-7*x.^2+x+6; y2=4*x.^3-3*x.^2-14*x+1;
>> subplot(2,1,1); plot(x,y1); xlabel('f(x)')
>> subplot(2,1,2); plot(x,y2); xlabel("f'(x)")
```

함수 $y=f(x)$는 처음 출발해서 x시간 지났을 때 지나간 거리를 나타낸다고 하자. 그러면 a시간에서 $a+h$시간까지의 평균 속도는 지나간 거리를 경과 시간으로 나눈

$$\frac{f(a+h)-f(a)}{h}$$

이다. $x=a$에서 순간 속도 또는 속도는 h가 0으로 수렴할 때 그 극한값 $f'(a)$로

$$f'(a)=\lim_{h\to 0}\frac{f(a+h)-f(a)}{h}$$

이다. 따라서 $s=s(t)$가 움직이는 물체의 위치를 나타내는 함수라면 물체의 속도 $v(t)$와 가속도 $a(t)$는 다음과 같다.

$$v(t)=\frac{ds}{dt},\ \ a(t)=\frac{dv}{dt}=\frac{d^2s}{dt^2}$$

즉 거리를 시간에 관하여 한 번 미분하면 속도, 속도를 한 번 더 미분하면 가속도이다. 그래서 거리를 시간에 관하여 두 번 미분하면 가속도가 된다.

예를 들어 자동차가 시속 60km로 일정하게 주행한다면 이 자동차가 t시간 동안 주행한 거리는 $s(t)=60t$가 된다. 즉 속도는 $v(t)=\frac{ds}{dt}=60$이며 가속도는 $a(t)=\frac{d^2s}{dt^2}=0$이다. 만일 거리가 $s(t)=t^2$로 나타난다면 속도는 $2t$로 시간이 감에 따라 두 배씩 증가하고 가속도는 시간에 관계없이 2로 일정하다.

4.3 도함수의 성질과 최대최소

수의 사칙연산처럼 도함수도 사칙연산을 할 수 있다. $f(x)=\sin x$, $g(x)=x^2$일 때 합의 미분은 $(f(x)+g(x))'=(\sin x)'+(x^2)'=\cos x+2x=f'(x)+g'(x)$으로 각각 미분한 다음에 합한 것과 같다. 이처럼 사칙연산에 대한 도함수의 기본법칙은 다음과 같다.

(1) $(f(x)+g(x))'=f'(x)+g'(x)$

(2) $(\alpha f(x))'=\alpha f'(x)$

(3) $(f(x)g(x))'=f'(x)g(x)+f(x)g'(x)$

(4) $\left(\dfrac{f(x)}{g(x)}\right)'=\dfrac{f'(x)g(x)-f(x)g'(x)}{g(x)^2}$

이 법칙에 의해 $f(x)=\sin x$, $g(x)=x^2$이면

$$\left(\frac{f(x)}{g(x)}\right)'=\frac{x^2\cos x-2x\sin x}{x^4}=\frac{x\cos x-2\sin x}{x^3}$$

이 된다. $y=f(u)$, $u=g(x)$와 같이 한 함수 f의 독립변수 u가 다른 함수 g의 종속변수가 되면 f는 x에 관한 함수가 되어 x에 관하여 미분할 수 있다.

정리 4.1 연쇄 법칙

$y=f(u)$, $u=g(x)$이면 다음이 성립한다.

$$\frac{dy}{dx}=\frac{dy}{du}\cdot\frac{du}{dx}$$

위 식은 $\dfrac{df(x)}{dx}=\dfrac{df(g(x))}{dg(x)}\cdot\dfrac{dg(x)}{dx}$ 또는 $f(g(x))'=f'(g(x))\cdot g'(x)$와 같이 나타내기도 한다. $f(g(x))'$와 $g(f(x))'$는 서로 다르다.

예제 | 4.2

$f(x) = \sin x$, $g(x) = x^2$일 때 $f(g(x))'$와 $g(f(x))'$를 구하여 보자.

풀이

$f(g(x)) = f(x^2) = \sin(x^2)$이므로 $\sin(x^2)$을 x^2에 관하여 먼저 미분하고, 그 다음 x^2을 미분하면 $f(g(x))' = \cos(x^2)2x = 2x\cos(x^2)$이다.

$g(f(x)) = g(\sin x) = \sin^2(x)$이므로 $\sin^2 x$을 $\sin x$에 관하여 먼저 미분하고, 그 다음 $\sin x$을 미분하면 $g(f(x))' = 2(\sin x)\cos x = 2\sin x\cos x = \sin(2x)$가 된다.

$\dfrac{\sin\Delta}{d\Delta} = \cos\Delta$ 이고 $\dfrac{(\Delta)^2}{d\Delta} = 2\Delta$ 임을 이해하자. 여기서 Δ는 x도 되고, x^2도 되고, $\sin x$도 되고, $f(x)$도 되고 뭐든 다 된다.

정의 4.4

적당한 $c \in D \subset R$가 있어서 모든 $x \in D$에 대하여 $f(c) \le f(x)$이면 $f(c)$를 D에서 **최솟값**이라 하며, $f(c) \ge f(x)$이면 $f(c)$를 D에서 **최댓값**이라 한다.

정의 4.5

$c \in D \subset R$의 적당한 근방에 있는 모든 x에 대하여 $f(c) \le f(x)$이면 $f(c)$를 **극솟값**이라 하며, $f(c) \ge f(x)$이면 $f(c)$를 D에서 **극댓값**이라 한다.

정리 4.2

(최대최소) f가 닫힌구간 $[a, b]$에서 연속이면 최댓값과 최솟값을 갖는다.

정리 4.3

(페르마) $f'(c)$가 존재하고 $f(c)$가 극소 또는 극댓값이면 $f'(c) = 0$이다.

닫힌구간 $[a,\ b]$에서 연속인 함수 f의 최댓값과 최솟값은 먼저 $f'(c)=0$인 점에서 극댓값과 극솟값을 구하고 양 끝 점에서 함숫값과 비교하여 큰 것이 최댓값, 작은 것이 최솟값이 된다. 도함수가 0인 점에서 반드시 극댓값과 극솟값을 갖지는 않지만 극댓값과 극솟값은 도함수가 0인 점들 중에서 찾을 수 있다.

예제 | 4.3

주어진 범위에서 다음 함수의 극댓값, 극솟값, 최댓값과 최솟값을 구하여 보자.

(1) $f(x)=\sin x,\ [0,\ 2\pi]$ (2) $g(x)=\sqrt{3}(x^3-x),\ [-1,\ 2]$

풀이

(1) $f'(x)=\cos x=0$이면 $x=\frac{\pi}{2}, \frac{3\pi}{2}$이다. $\sin\frac{\pi}{2}=1,\ \sin\frac{2\pi}{3}=-1$이고 $\sin 0=\sin 2\pi=0$이므로 극솟값과 최솟값은 모두 -1이고 극댓값과 최댓값은 모두 1이다.

(2) $g'(x)=\sqrt{3}(3x^2-1)=0$이면 $x=\pm\frac{1}{\sqrt{3}}$이다.

$$g(-1)=0,\ g(2)=6\sqrt{3},\ g\left(\frac{1}{\sqrt{3}}\right)=-\frac{2}{3},\ g\left(-\frac{1}{\sqrt{3}}\right)=\frac{2}{3}$$

이므로 극솟값이자 최솟값은 -2/3, 극댓값은 2/3, 최댓값은 $6\sqrt{3}$이다.

실질적인 예를 들어보자. 공장에서 원기둥의 알루미늄 깡통을 만들려고 한다. 알루미늄 판의 가격이 비싸 주어진 알루미늄 판으로 최대의 부피를 이루려고 하면 반지름과 높이의 규격을 얼마로 하면 되는가?

원기둥의 반지름을 r, 높이를 h라고 하면 표면적은 $s=2\pi r^2+2\pi rh$이고 부피는 $v=\pi r^2 h$이다. 고정된 부피에 대해 필요한 알루미늄 판은 $v=\pi r^2 h$이므로

$$s(r)=2\pi r^2+\frac{2v}{r}$$

이다. $S'(r)=4\pi r-\frac{2v}{r^2}=0$에서 $r=\left(\frac{v}{2\pi}\right)^{1/3}$이다. 따라서

$$h=\frac{v}{\pi r^2}=2\left(\frac{v}{2\pi}\right)^{1/3}=2r$$

로 높이가 반지름의 두 배가 되어야 한다. 따라서 원기둥을 만들 때 높이를 반지름의 두 배로 하면 최소 면적에 최대 부피가 되어 비용이 절감됨을 알 수 있다.

4.4 도함수와 그래프의 모양

도함수의 성질을 이용하여 연속함수의 그래프를 그려보자. 그래프가 어디서 증가하고 어디서 감소하는지, 모양이 위로 볼록인지 아래로 볼록인지, 그리고 극댓값과 극솟값은 어디에 있는지, 또한 그래프의 모양이 위로 볼록에서 아래로 볼록으로 또는 그 반대로 변하는 변곡점은 어디인지 구체적으로 살펴본다.

미분의 정의 $f'(x)=\lim_{h\to 0}\dfrac{f(x+h)-f(x)}{h}$에서 아래와 같은 결과가 나온다.

정리 4.4

(1) $f'(x)>0$인 구간에서 함수 f는 증가한다.

(2) $f'(x)<0$인 구간에서 함수 f는 감소한다.

예제 | 4.4

주어진 구간 위에서 함수가 증가하는 부분과 감소하는 부분을 구하여 보자.

(1) $g(x)=2x^3-9x^2+12x-1$, $[0, 3]$ (2) $f(x)=\sin x$, $[0,\ 2\pi]$

풀이

(1) $g'(x)=6x^2-18x+12=6(x-1)(x-2)$이다. $x<1$이거나 또는 $x>2$이면 $g'(x)>0$므로 증가하는 부분은 $[0,\ 1)\cup(2,\ 3]$이고, $1<x<2$이면 $g'(x)<0$이므로 감소하는 부분은 $(1,\ 2)$이다.

(2) $f'(x)=\cos x$이므로 증가하는 부분은 $\cos x>0$인 $\left[0,\ \dfrac{\pi}{2}\right)$, $\left(\dfrac{3\pi}{2},\ 2\pi\right]$이고, 감소하는 부분은 $\cos x<0$인 $\left(\dfrac{\pi}{2},\ \dfrac{3\pi}{2}\right)$이다.

정리 4.5

$f'(c)=0$라고 하자. $f'(x)$가 $x=c$를 기준으로 양에서 음으로 바뀌면 f는 c에서 극댓값을 갖고, 음에서 양으로 바뀌면 f는 c에서 극솟값을 갖는다.

예제 | 4.5

다음 함수의 도함수가 0인 곳에서 극댓값인지 극솟값인지 확인해 보자.

(1) $g(x)=2x^3-9x^2+12x-1,\ [0,3]$ (2) $f(x)=\sin x,\ [0,\ 2\pi]$

풀이

(1) $g'(x)=6x^2-18x+12=6(x-1)(x-2)$는 $x=1$를 기준으로 양에서 음으로 변하므로 극댓값 $g(1)=4$를 갖고, $x=2$를 기준으로 음에서 양으로 변하므로 극솟값 $g(2)=3$을 갖는다.

(2) $f'(x)=\cos x$는 $f'\left(\frac{\pi}{2}\right)=f'\left(\frac{3\pi}{2}\right)=0$이고, $x=\frac{\pi}{2}$를 기준으로 양에서 음으로 변하여 극댓값 1을 갖고, $x=\frac{3\pi}{2}$ 기준으로 음에서 양으로 변하여 극솟값 -1를 갖는다.

정리 4.6

(1) $f''(x)>0$인 구간에서 f는 아래로 볼록하다.

(2) $f''(x)<0$이 구간에서 f는 위로 볼록하다.

예제 | 4.6

다음 함수가 어디서 아래로 또는 위로 볼록한지 확인해 보자.

(1) $g(x)=2x^3-9x^2+12x-1,\ [0,3]$ (2) $f(x)=\sin x,\ [0,\ 2\pi]$

풀이

(1) $g''(x)=12x-18$이므로 $g''(\frac{3}{2})=0$이다. $x<\frac{3}{2}$인 구간에서 $g''(x)<0$이므로 위로 볼록하고, $x>\frac{3}{2}$인 구간에서 $g''(x)>0$이므로 아래로 볼록하다.

(2) $f''(x)=-\sin x$이므로 $f''(\pi)=0$이다. $(0,\pi)$인 구간에서 $f''(x)<0$이므로 위로 볼록하고, $(\pi,2\pi)$인 구간에서 $f''(x)>0$이므로 아래로 볼록하다.

정리 4.7

(1) $f'(c)=0$이고 $f''(c)>0$이면 f는 c에서 극솟값을 갖는다.

(2) $f'(c)=0$이고 $f''(c)<0$이면 f는 c에서 극댓값을 갖는다.

예제 | 4.7

이계도함수를 이용하여 다음 함수의 극댓값 또는 극솟값을 알아보자.

(1) $g(x)=2x^3-9x^2+12x-1,\ [0,3]$　　(2) $f(x)=\sin x,\ [0,\ 2\pi]$

풀이

(1) $g'(x)=6x^2-18x+12=6(x-1)(x-2)$으로 $g'(1)=g'(2)=0$이다.
$g''(x)=12x-18$이므로 $g''(1)=-6<0$이고 $g''(2)=6>0$이다. 따라서 $x=1$에서 극댓값 $g(1)=4$을 갖고 $x=2$에서 극솟값 $g(2)=3$을 갖는다.

(2) $f'(x)=\cos x$으로 $f'\left(\frac{\pi}{2}\right)=f'\left(\frac{3\pi}{2}\right)=0$이다. $f''(x)=-\sin x$이므로 $f''\left(\frac{\pi}{2}\right)<0$이고 $f''\left(\frac{3\pi}{2}\right)>0$이므로 $x=\frac{\pi}{2}$에서 극댓값 $f\left(\frac{\pi}{2}\right)=1$을 갖고 $x=\frac{3\pi}{2}$에서 극솟값 $f\left(\frac{3\pi}{2}\right)=-1$을 갖는다.

정의 4.6

$f(x)$가 $x=c$에서 연속이고 $(c,f(c))$에서 곡선의 모양이 바뀌면, 즉 $x=c$를 중심으로 $f''(x)$의 부호가 바뀌면, $x=c$에서의 점 $(c,\ f(c))$를 f의 **변곡점**이라 한다.

$f''(x)$가 연속이고 $x=c$가 f의 변곡점이면 $f''(c)=0$이다. 그러나 $f''(c)=0$라고 해서 변곡점이 되는 것은 아니다. 예를 들면, $f(x)=x^4$의 경우 $f''(x)=12x^2$이므로 $f''(0)=0$이다. 그러나 $x=0$을 기준으로 $f''(x)$의 부호가 바뀌지 않으므로 $(0,0)$은 변곡점이 아니다.

예제 | 4.8

다음 함수의 변곡점을 구하여 보자.

(1) $g(x)=2x^3-9x^2+12x-1,\ [0,\ 3]$　　(2) $f(x)=\sin x,\ (0,\ 2\pi)$

풀이

(1) $g''(x)=12x-18$이고 $g''\left(\frac{3}{2}\right)=0$이다. $x=\frac{3}{2}$을 기준으로 $g''(x)$의 부호가 바뀌므로 $\left(\frac{3}{2},\ \frac{7}{2}\right)$은 변곡점이다.

(2) $f''(x)=-\sin x$이고 $f''(\pi)=0$이다. $x=\pi$을 기준으로 $f''(x)$의 부호가 바뀌므로 $(\pi,0)$은 변곡점이다.

지금까지 나온 $g(x)=2x^3-9x^2+12x-1$와 $f(x)=\sin x$의 그래프를 그리기 위한 정보는 다음과 같다.

x		1		$\frac{3}{2}$		2	
$g'(x)$	+	0	−		−	0	+
$g''(x)$	+		+	0	−		−
$g(x)$	위로 볼록	4	위로 볼록		아래 볼록	3	아래 볼록
평가		극대		변곡		극소	

x		$\frac{\pi}{2}$		π		$\frac{3\pi}{2}$	
$f'(x)$	+	0	−		−	0	+
$f''(x)$	+		+	0	−		−
$f(x)$	위로 볼록	1	위로 볼록		아래 볼록	−1	아래 볼록
평가		극대		변곡		극소	

옥타브를 이용하여 $g(x)=2x^3-9x^2+12x-1$와 $f(x)=\sin x$의 그래프를 그리면 다음과 같다. 위에서 구한 정보와 그래프와 비교해 보라.

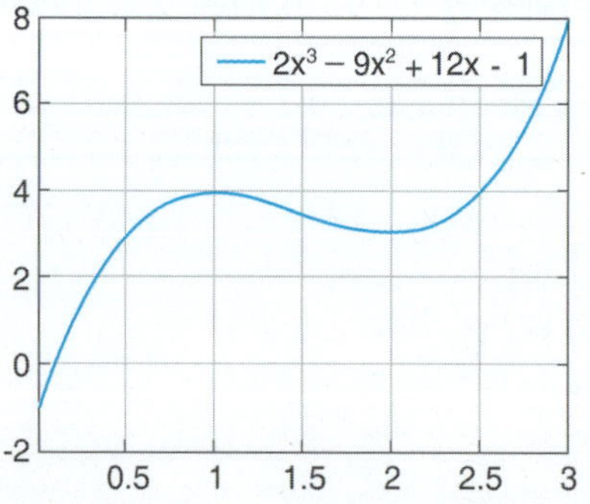

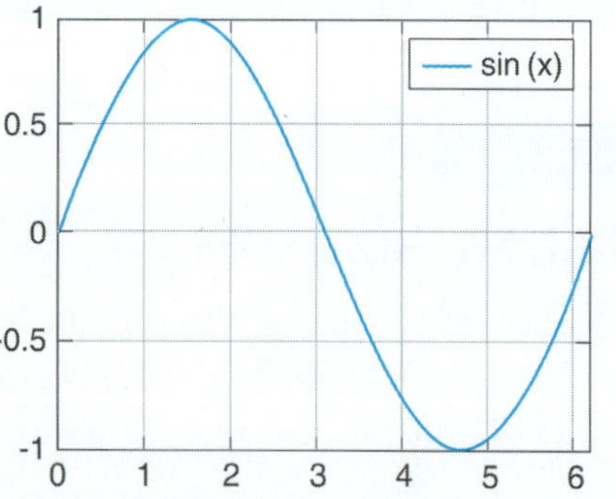

```
>> g='2*x^3-9*x^2+12*x-1'; int=[0,3];
>> fplot(g, int)
>> f='sin(x)'; intv=[0,2*pi];
>> fplot(f, intv)
```

4.5 활성함수의 미분과 그래프

3.5절에서 제시한 활성함수의 그래프를 도함수를 이용하여 구해본다. 3.5절에서 본 그래프의 모양이 어떻게 나왔는지 알아볼 수 있다. 그래프를 그리는 옥타브 명령어는 3.5절에 있다. 계단함수

$$r(x) = \begin{cases} 1, & x \geq 0 \\ -1, & x < 0 \end{cases}$$

가 갖는 값은 -1과 1뿐이며, $x=0$에서 끊어져 연속함수가 아니다. 따라서 계단함수는 $x=0$에서는 미분이 가능하지 않다. 그러나 $x \neq 0$인 곳에서는 상수이므로 미분하면 0이 된다. $x \neq 0$인 점에서 $r'(x)=0$이므로 함숫값은 증가도 아니고 감소도 아닌 변함이 없는 상수로 1이다.

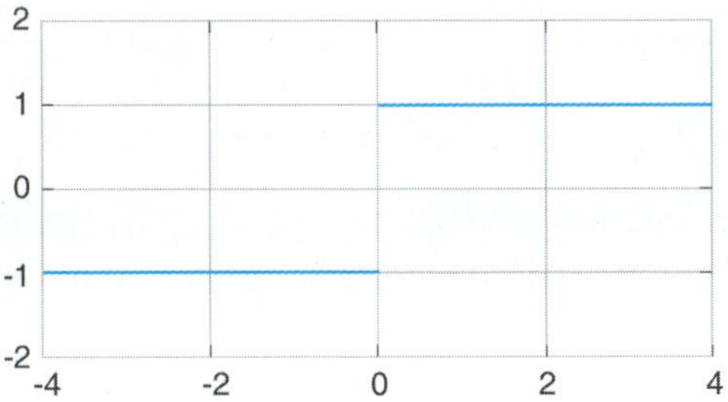

상수 a가 양수인 시그모이드 함수 $r_a(x) = \dfrac{1}{1+e^{-ax}}$는 모든 점에서 끊어짐이 없으므로 연속함수이다. x가 무한대로 커지면 $1+e^{-ax}$는 1로 수렴하여 $\dfrac{1}{1+e^{-ax}}$은 1로 수렴하고,

x가 음의 무한대로 커지면 $1+e^{-ax}$는 무한대로 발산하므로 $\dfrac{1}{1+e^{-ax}}$은 0으로 수렴한다. 그러므로 함숫값이 갖는 범위는 $(0,\ 1)$이 된다. 시그모이드 함수를 미분하기 위해 편의상 $a=1$로 놓는다. 그래프의 전체적인 모양은 a의 값에 관계없이 같기 때문이다. 시그모이드 함수의 도함수는

$$r'(x)=\frac{e^{-x}}{(1+e^{-x})^2}$$

이므로 0이 될 수 없다. 따라서 극댓값과 극솟값이 존재하지 않는다. 또한 모든 점에서 양수이므로 항상 증가하는 함수이다. 이차도함수는

$$r''(x)=\frac{e^{-x}(e^{-x}-1)}{(1+e^{-x})^3}$$

이므로 $r''(0)=0$이다. $x<0$이면 $r''(x)>0$이므로 아래로 볼록, $x>0$이면 $r''(x)<0$이므로 위로 볼록이다.

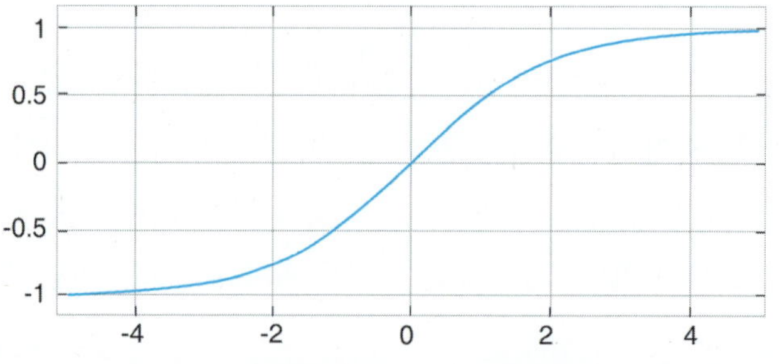

하이퍼볼릭탄젠트 함수 $r(x)=\dfrac{2}{1+e^{-ax}}-1$는 모든 점에서 끊어짐이 없으므로 연속함수이다. x가 무한대로 커지면 $1+e^{-ax}$는 1로 수렴하여 $r(x)$은 1로 수렴하고, x가 음의 무한대로 커지면 $1+e^{-ax}$는 무한대로 발산하므로 $r(x)$은 -1로 수렴한다. 그러므로 함숫값이 갖는 범위는 $(-1,\ 1)$이 된다. 하이퍼볼릭탄젠트 함수의 일차도함수와 이차도함수는

$$r'(x)=\frac{2e^{-x}}{(1+e^{-x})^2},\quad r''(x)=\frac{2e^{-x}(e^{-x}-1)}{(1+e^{-x})^3}$$

로 시그모이드 함수와 비슷하다. 그러므로 범위만 다르고 그래프의 모양는 비슷하다.

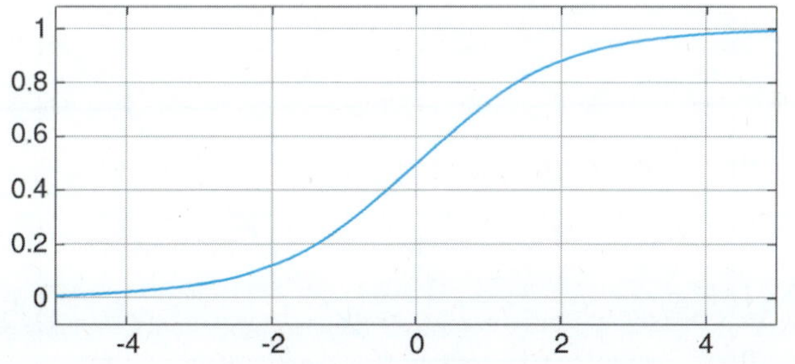

소프트플러스 함수 $r(x)=\ln(1+e^x)$도 모든 점에서 끊임이 없는 연속함수이다. x가 무한대로 커지면 $1+e^x$는 무한대로 발산하므로 $r(x)$도 무한대로 발산하고, x가 음의 무한대로 커지면 $1+e^x$는 1로 수렴하므로 $r(x)$은 0으로 수렴한다. 그러므로 함숫값이 갖는 범위는 $(0, \infty)$이 된다. 소프트플러스 함수의 일차도함수와 이차도함수는

$$r'(x)=\frac{1}{1+e^{-x}},\quad r''(x)=\frac{e^{-x}}{(1+e^{-x})^2}$$

으로 0이 되지 않으므로 극댓값과 극솟값이 없고 변곡점도 없다. 또한 모든 점에서 $r'(x)>0$이므로 항상 증가하고, $r''(x)>0$이므로 아래로 볼록한 모양이다.

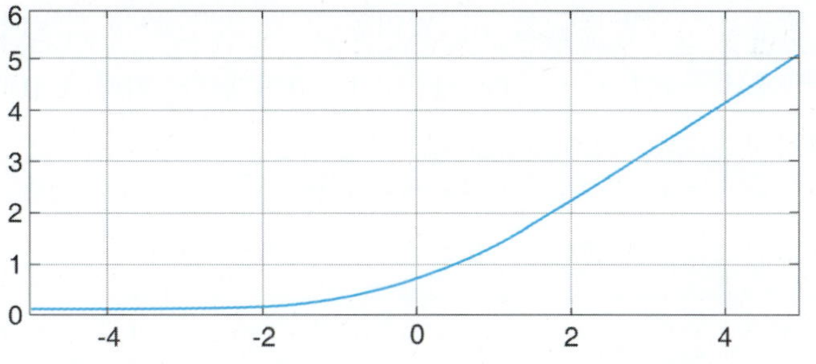

마지막으로 렉티파이어 함수 $r(x)=\max(0, x)$는 $x\le 0$이면 0이고 $x>0$이면 x인 함수이므로 끊어짐이 없어 연속함수이고 범위는 $[0, \infty)$이다. 일차도함수와 이차도함수는

$$r'(x)=\begin{cases}0, & x\le 0\\ 1, & x>0\end{cases} \text{와 } r''(x)=0,\ x\ne 0$$

이므로 $x\le 0$인 범위에서 증감이 없는 상수이고, $x>0$인 범위에서는 증가한다.

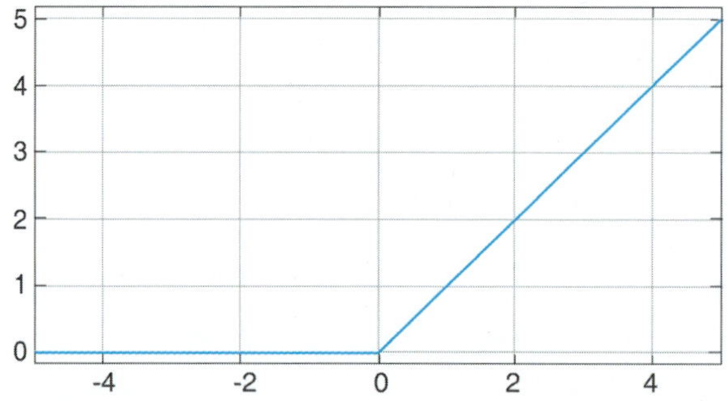

4.6 방정식의 수치해법

물건을 구입할 때 목돈이 없어 할부로 구입하는 경우가 있다. 예를 들어 1000만원짜리 물건을 12개월 할부하는데 할부금으로 100만원을 낸다고 하자. 그러면 복리로 계산할 때 월이율은 얼마가 될까?

일반화하여 원금을 s, 할부금을 a, 월이율을 r, 기간을 n개월이라고 하면 $s=\frac{a}{r}[1-(1+r)^{-n}]$에서 $\frac{s}{a}r(1+r)^n-(1+r)^n+1=0$이 된다. 따라서 1000만원짜리 물건을 12개월 할부하여 할부금 100만원을 낼 때 월이율은

$$10r(1+r)^{12}-(1+r)^{12}+1=0$$

이다. 단 $r>0$이다. $1+r=x$라고 놓으면 $10x^{13}-11x^{12}+1=0$이 되어 일반적으로 $f(x)=0$의 해를 구하는 문제가 된다. 여기서 $x>1$이다.

뉴턴 방법은 $f(x)=0$의 근을 구하는 방법으로 초기 근사값 x_0을 알고 있을 때 점 $(x_0, f(x_0))$에서 $y=f(x)$의 접선이 x축과 만나는 점을 새로운 근사해로 구하는 방법이다. 초기값 x_0에 대응하는 점 $(x_0, f(x_0))$에서 함수 $f(x)$의 접선방정식은 $y=f'(x_0)(x-x_0)+f(x_0)$이고 이 직선이 x축과 만나는 점 x_1은 다음과 같다.

$$x_1=x_0-\frac{f(x_0)}{f'(x_0)},\ f'(x_0)\neq 0$$

다시 점 $(x_1, f(x_1))$에서 함수 $f(x)$의 접선방정식이 x축과 만나는 점을 x_2로 하는 이러한 과정을 반복하여 근사해를 구하는 방법을 뉴턴 방법(Newton's Method)이라 하며 다음과 같은 반복식을 되풀이한다.

$$x_{n+1} = x_n - \frac{f(x_n)}{f'(x_n)},\ f'(x_n) \neq 0$$

뉴턴 방법에서 근사해 x_n이 적당한 값 α에 수렴하면 함수 $f(x)$와 $f'(x)$는 연속이므로 $f(x_n)$과 $f'(x_n)$은 각각 $f(\alpha)$와 $f'(\alpha)$로 수렴한다. 따라서

$$x_{n+1} - x_n = -\frac{f(x_n)}{f'(x_n)} \rightarrow \alpha - \alpha = -\frac{f(\alpha)}{f'(\alpha)}$$

이 되어 $f(\alpha) = 0$가 성립한다. 즉 근사해 x_n이 수렴하면 그 극한값은 $f(x) = 0$의 근이 된다. 만일 $f'(\alpha) \neq 0$이면 $x = \alpha$를 단순근이라 하며 $f'(\alpha) = 0$이고 $f''(\alpha) \neq 0$이면 중근이라 한다.

예제 | 4.9

$x^2 - 4 = 0$의 근사값을 $x_0 = 5$에서 뉴턴 방법으로 구하여 보자.

풀이

$f(x) = x^2 - 4$이고 $f'(x) = 2x$이므로

$$x_1 = x_0 - \frac{f(x_0)}{f'(x_0)} = 5 - \frac{21}{10} = 2.9$$

$$x_2 = x_1 - \frac{f(x_1)}{f'(x_1)} = 2.9 - \frac{4.41}{5.8} = 2.14$$

$$x_3 = x_2 - \frac{f(x_2)}{f'(x_2)} = 2.14 - \frac{0.58}{4.28} = 2.00$$

```
>> fn=inline('x^2-4','x'); df=inline('2*x','x');
>> x0=5; x1=x0-fn(x0)/df(x0)
x1 =   2.9000
```

```
>> x0=x1; x2=x0-fn(x0)/df(x0)
x2 =  2.1397
>>  x0=x2; x3=x0-fn(x0)/df(x0)
x3 =  2.0046
```

$x=2$는 $f(x)=x^2-4$의 단순근이다. 왜냐하면 $f'(2)\neq 0$이기 때문이다. 만일 중근이면 좀 더 개선된 방법이 있다. 만일 $f(x_0)=f'(x_0)=0$이고 $f''(x_0)\neq 0$면, 즉 x_0가 $f(x)=0$의 중근이면 뉴턴 방법은 매우 천천히 수렴할 수 있다. 이것을 방지하기 위해서 알고리즘을 다음과 같이 바꾸면 빠르게 수렴한다. 이것을 수정된 뉴턴 방법이라고 한다.

$$x_{n+1}=x_n-2\frac{f(x_n)}{f'(x_n)},\ f'(x_n)\neq 0$$

뉴턴 방법의 알고리즘은 다음과 같다. 여기서 kmax는 최대 반복횟수이고 ϵ은 충분히 작은 수로 $x_0=c$일 때 $|y|<\varepsilon$이 되면 c를 방정식의 근으로 본다는 뜻이다.

```
y = f(x0)
for k=1:kmax
      c = x0 - y/f'(x0); y = f(c);
      if |y| < ε stop
      x0 = c;
end
```

프로그램 4.1

```
function c = Newton(f, df, x0, tol, kmax)
y = feval(f, x0);
fprintf('k \t c \t\t f(c)\n')
for n=1:kmax
    c=x0-y/feval(df, x0);
```

```
    y=feval(f, c); x0=c;
    fprintf('%i \t %.10f \t %.4e\n', n, c, y)
    if abs(y)<tol
        return
    end
end
endfunction
```

```
>> fn=inline('cos(x)-x','x'); df=inline('-sin(x)-1','x');
>> x0=0; tol=0.0001; kmax=20;
>> c=Newton(fn, df, x0, tol, kmax)
k          c                   f(c)
1          1.0000000000     -4.5970e-01
2          0.7503638678     -1.8923e-02
3          0.7391128909     -4.6456e-05
c =  0.73911
```

1000만원짜리 물건을 12개월 할부하여 할부금 100만원을 낼 때 월이율을 구하여 보자. $f(x)=10x^{13}-11x^{12}+1$이고 $f'(x)=130x^{12}-132x^{11}$이다. 초기값으로 $x_0=1.2$, ϵ에 대응하는 tol은 0.0001 그리고 최대반복 횟수를 kmax=20로 택하고 실행하면 월이율은 2.9%가 된다.

```
>> fn=inline('10*x.^13-11*x.^12+1','x'); df=inline('130*x.^12-132*x.^11','x');
>> x0=1.2; tol=0.0001; kmax=20; m=1;
>> c=Newton(fn, df, x0, tol, kmax, m)
k          c                   f(c)
1          1.1443921673     3.2398e+00
2          1.1005761349     1.0182e+00
3          1.0685377602     3.0294e-01
4          1.0473931161     8.3021e-02
5          1.0354043374     1.9329e-02
```

```
6          1.0303389908     2.8709e-03
7          1.0292760037     1.1750e-04
8          1.0292286339     2.3001e-07
c =   1.0292
```

뉴턴 방법은 근사값을 구하기 위해서 매번 미분값이 필요하여 이에 대한 정보를 넣어주어야 하는 불편함이 있고, 초기값에 따라 근사해는 발산될 수 있으므로 초기값을 잘 선택해야 하는 어려움이 있다. 그러나 일단 수렴하면 매우 빨리 수렴한다.

4.7 다변수함수의 편도함수

일변수함수와 다변수함수의 차이점은 일변수함수의 변수가 한 개인 것에 비해 다변수함수는 변수가 여러 개라는 것이다. 그 변수 각각에 대한 미분가능은 일변수함수의 경우와 같다. 예를 들어 이변수함수 $z=f(x,y)$는 변수가 x와 y가 둘이므로 x와 y 각각에 관하여 일변수함수처럼 정의한다. 즉 $x=a$에서 y의 값에 관계없이

$$\lim_{h\to 0}\frac{f(a+h,y)-f(a,y)}{h}$$

이 존재하면 $x=a$에서 **편미분가능**(partial differentiable)하다고 한다. $y=b$의 경우도 마찬가지이다. 따라서 각 변수 x와 y에 대한 도함수는 다음과 같이 정의하며 이를 편도함수라고 한다.

정의 4.7

$D\subset R^2$ 위의 모든 점에서 미분가능하면 x와 y에 관한 f의 **편도함수**(partial derivative)는 각각 다음과 같이 정의한다.

$$\frac{\partial f(x,y)}{\partial x}=\lim_{h\to 0}\frac{f(x+h,y)-f(x,y)}{h},\quad \frac{\partial f(x,y)}{\partial y}=\lim_{h\to 0}\frac{f(x,y+h)-f(x,y)}{h}$$

즉 x에 관하여 미분할 때는 y를 상수처럼 취급하고, y에 관하여 미분할 때는 x를 상수처럼 취급한다.

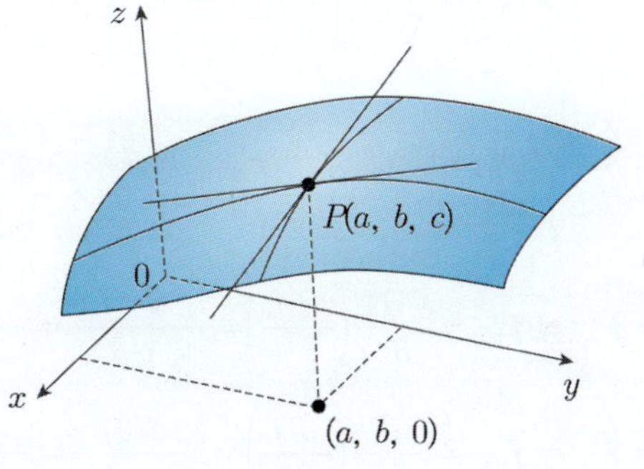

$z=f(x, y)$라 하면 편도함수 $\dfrac{\partial f}{\partial x}$, $\dfrac{\partial f}{\partial y}$는 다음과 같이 다양하게 나타낸다.

$$\frac{\partial}{\partial x}f(x, y)=f_x(x, y)=f_x=\frac{\partial z}{\partial x}=f_1=z_1$$

$$\frac{\partial}{\partial y}f(x, y)=f_y(x, y)=f_y=\frac{\partial z}{\partial y}=f_2=z_2$$

예를 들어 $f(x,y)=x^2+y^2$의 편도함수를 일차도함수의 미분 공식을 이용하여 구하여 보자. x에 관하여 미분할 때는 y가 상수가 되고, y에 관하여 미분할 때는 x가 상수가 되므로

$$\frac{\partial f}{\partial x}=2x,\quad \frac{\partial f}{\partial y}=2y$$

이 된다.

변수가 세 개 이상인 경우도 똑같이 정의하면 된다. 독립변수가 $x_1, x_2, \cdots, x_n$일 때 각 변수에 대한 편도함수는

$$\frac{\partial f}{\partial x_i}=f_{x_i}=\lim_{h\to 0}\frac{f(x_1, \cdots, x_i+h, x_{i+1}, \cdots, x_n)-f(x_1, \cdots, x_i, \cdots, x_n)}{h}$$

으로 x_i를 제외한 나머지 변수들을 모두 상수처럼 취급하면 된다. $i=1, 2, \cdots, n$에 대하여 $e_i\in R^n$를 표준단위벡터라 하면 $x\in R^n$에 대하여 각 변수에 대한 편도함수는 다음과 같이 벡터로 나타낼 수 있다.

$$\frac{\partial f}{\partial x_i} = \lim_{h \to 0} \frac{f(x + he_i) - f(x)}{h}$$

f가 이변수함수이면 같은 방법으로 2차 이상의 고계 편도함수를 정의하며 다음과 같이 나타낸다.

$$(f_x)_x = f_{xx} = f_{11} = \frac{\partial}{\partial x}\left(\frac{\partial f}{\partial x}\right) = \frac{\partial^2 f}{\partial x^2} = \frac{\partial^2 z}{\partial x^2}$$

$$(f_x)_y = f_{xy} = f_{12} = \frac{\partial}{\partial y}\left(\frac{\partial f}{\partial x}\right) = \frac{\partial^2 f}{\partial y \partial x} = \frac{\partial^2 z}{\partial y \partial x}$$

$$(f_y)_x = f_{yx} = f_{21} = \frac{\partial}{\partial x}\left(\frac{\partial f}{\partial y}\right) = \frac{\partial^2 f}{\partial x \partial y} = \frac{\partial^2 z}{\partial x \partial y}$$

$$(f_y)_y = f_{yy} = f_{22} = \frac{\partial}{\partial y}\left(\frac{\partial f}{\partial y}\right) = \frac{\partial^2 f}{\partial y^2} = \frac{\partial^2 z}{\partial y^2}$$

$f(x,y) = x^2 + y^2$에서 $f_x = 2x$, $f_y = 2y$이므로 $f_{xx} = 2$, $f_{xy} = f_{yx} = 0$, $f_{yy} = 2$가 된다.

정리 4.8 클레로

$E \subset R^2$이고 $f : E \to R$은 연속함수이다. 만일 f_{xy}와 f_{yx}가 모두 E에서 연속이면 다음이 성립한다.

$$f_{xy}(a,\ b) = f_{yx}(a,\ b)$$

정의 4.8

$z = f(x,y)$의 전미분은 다음과 같이 정의한다.

$$dz = f_x(x,\ y)dx + f_y(x,\ y)dy = \frac{\partial z}{\partial x}dx + \frac{\partial z}{\partial y}dy$$

일반적으로 다변수함수 $z = f(x_1, x_2, \ldots, x_n)$의 전미분은 다음과 같이 정의한다.

$$dz = \sum_{i=1}^{n} f_{x_i}(x,\ y)dx_i = \sum_{i=1}^{n} \frac{\partial z}{\partial x_i} dx_i$$

일변수함수 $y=f(u)$, $u=g(x)$에서 $\dfrac{dy}{dx}=\dfrac{dy}{du}\dfrac{du}{dx}$라고 했듯이, 마찬가지로 이변수함수 $z=f(x,\ y)$에서 $x=g(t)$, $y=h(t)$이면 z는 t에 관한 함수가 되어 t에 관하여 미분할 수 있다.

정리 4.9 연쇄 법칙

$z=f(x,\ y)$에서 $x=g(t)$, $y=h(t)$이면 다음이 성립한다.

$$\frac{dz}{dt}=\frac{\partial z}{\partial x}\frac{dx}{dt}+\frac{\partial z}{\partial y}\frac{dy}{dt}$$

예제 | 4.10

$z=x^2+y^2$이고 $x=\sin t$, $y=\cos t$일 때

$$\frac{dz}{dt}=2x\cos t+2y(-\sin t)=2\sin t\cos t-2\cos t\sin t=0$$

실제로 $z=x^2+y^2=\sin^2 t+\cos^2 t=1$이므로 미분값은 0이다.

만일 $x=g(s,\ )$, $y=h(s,\ t)$이면

$$\frac{\partial z}{\partial s}=\frac{\partial z}{\partial x}\frac{\partial x}{\partial s}+\frac{\partial z}{\partial y}\frac{\partial y}{\partial s},\quad \frac{\partial z}{\partial t}=\frac{\partial z}{\partial x}\frac{\partial x}{\partial t}+\frac{\partial z}{\partial y}\frac{\partial y}{\partial t}$$

이다. 일반적으로 $u=f(x_1,\ x_2,\ \cdots,\ x_n)$이고 $x_j=x_j(t_1,\ t_2,\ \cdots,\ t_m)$이면 모든 $i=1,\cdots,m$에 대하여 편도함수는 다음과 같다.

$$\frac{\partial u}{\partial t_i}=\frac{\partial u}{\partial x_1}\frac{\partial x_1}{\partial t_i}+\frac{\partial u}{\partial x_2}\frac{\partial x_2}{\partial t_i}+\cdots+\frac{\partial u}{\partial x_n}\frac{\partial x_n}{\partial t_i}$$

예제 | 4.11

$z=x^2+y^2$이고 $x=s^2+\sin t$, $y=t^2+\cos s$일 때

$$\frac{\partial z}{\partial s}=2x(2s)+2y(-\sin t)=4(s^2+\sin t)s-2(t^2+\cos s)\sin t$$

$$\frac{\partial z}{\partial t}=2x\cos t+2y(2t)=2(s^2+\sin t)\cos t+4(t^2+\cos s)t$$

만일 $F(x,y)=0$이고 $y=f(x)$이면 $\frac{\partial F}{\partial x}\frac{dx}{dx}+\frac{\partial F}{\partial y}\frac{dy}{dx}=0$이므로

$$\frac{dy}{dx}=-\frac{\frac{\partial F}{\partial x}}{\frac{\partial F}{\partial y}}=-\frac{F_x}{F_y}$$

가 된다. 예를 들어 $x^2+y^2-4=0$에서

$$\frac{dy}{dx}=-\frac{F_x}{F_y}=-\frac{2x}{2y}=-\frac{x}{y}$$

이다.

4.8 기울기벡터와 최대최소

$z=f(x,y)$일 때 편도함수

$$f_x(x,\ y)=\lim_{h\to 0}\frac{f(x+h,\ y)-f(x,\ y)}{h},\ f_y(x,\ y)=\lim_{h\to 0}\frac{f(x,\ y+h)-f(x,\ y)}{h}$$

은 각각 x축과 y축 방향, 즉 단위벡터 $i=(1,\ 0)$, $j=(0,\ 1)$ 방향으로 z의 변화율을 나타낸다. 일반적으로 단위벡터 $u=(a,\ b)$ 방향으로의 f의 방향도함수는 다음과 같이 정의한다.

정의 4.9

다음을 $(x_0,\ y_0)$에서 단위벡터 $u=(a,\ b)$ 방향으로의 $z=f(x,\ y)$의 **방향도함수**(directional derivative)라고 한다.

$$D_u f(x_0,\ y_0)=\lim_{h\to 0}\frac{f(x_0+ha,\ y_0+hb)-f(x_0,\ y_0)}{h}$$

정리 4.10

단위벡터 $u=(a,\ b)$ 방향으로의 f의 방향도함수는 다음과 같다.

$$D_u f(x,\ y)=f_x(x,\ y)a+f_y(x,\ y)b$$

만일 u가 단위벡터가 아니라면 자기 자신의 크기 $\|u\|$로 나누어주면 된다. 예를 들어 $z=x^2+y^2$에서 $u=(3,\ 4)$ 방향으로의 z의 방향도함수는 u의 크기가 $\|u\|=5$이므로 u를 5로 나누어준 벡터로 대신한다. 즉 $u=\left(\frac{3}{5},\ \frac{4}{5}\right)$일 때와 같다. $z_x=2x,\ z_y=2y$이므로 방향도함수는 다음과 같다.

$$D_u z=\frac{6}{5}x+\frac{8}{5}y$$

일변수함수의 일계도함수에 해당하는 기울기벡터와 이계도함수에 해당하는 헤시안은 다음과 같다.

정의 4.10

$z=f(x,y)$의 기울기벡터(gradient) ∇와 헤시안(Hessian) 행렬 ∇^2은 다음과 같이 정의한다.

$$\nabla f(x,\ y)=\frac{\partial f}{\partial x}i+\frac{\partial f}{\partial y}j=\left(\frac{\partial f}{\partial x},\ \frac{\partial f}{\partial y}\right)$$

$$\nabla^2 f(x,\ y)=\begin{pmatrix} f_{xx} & f_{xy} \\ f_{yx} & f_{yy} \end{pmatrix}$$

만일 f_{xy}와 f_{yx}가 모두 연속이면 $f_{xy}=f_{yx}$이므로 헤시안 행렬은 대칭행렬이다.

정리 4.11

단위벡터 $u=(a,\ b)$ 방향으로의 f의 방향도함수는 다음과 같다.

$$D_u f(x,\ y)=\nabla f(x,\ y)\cdot u$$

$z = x^2 + y^2$에서 $u = (3,\ 4)$방향으로의 z의 방향도함수는 $D_u z = \frac{6}{5}x + \frac{8}{5}y$였다. u의 크기가 5이므로 $u = \left(\frac{3}{5},\ \frac{4}{5}\right)$이고 $\nabla z = (2x,\ 2y)$이므로 $D_u z = \frac{6}{5}x + \frac{8}{5}y = \nabla z \cdot u$이다. 따라서 $P(10,\ -5)$에서의 값은 4가 된다.

헤시안 행렬은 $z_{xx} = z_{yy} = 0$이고 $z_{xy} = z_{yx} = 0$이므로 다음과 같다.

$$\nabla^2 z(x,\ y) = \begin{pmatrix} 2 & 0 \\ 0 & 2 \end{pmatrix}$$

벡터 u와 ∇f의 사잇각을 θ라고 하면 이 방향도함수의 크기는

$$D_u f = \nabla f \cdot u = \|\nabla f\| \cos\theta$$

이므로 $\theta = 0$일 때 최댓값을 갖는다. 즉 u와 ∇f의 방향이 같을 때 최댓값을 갖는다.

정리 4.12

단위벡터 u에 대하여 $D_u f$의 최댓값은 u가 ∇f의 방향과 같을 때 생긴다.

$z = x^2 + y^2$에서 $\nabla z = (2x,\ 2y)$이므로 점 $P(10,\ -5)$에서 z의 방향도함수가 가장 크게 일어나는 방향은 $u = (20,\ -10)$일 때 또는 단위벡터 $\left(\frac{2}{\sqrt{5}},\ -\frac{1}{\sqrt{5}}\right)$일 때이고 이때 변화율은

$$D_u z = \frac{6}{5} \cdot \frac{2}{\sqrt{5}} + \frac{8}{5} \cdot \frac{-1}{\sqrt{5}} = \frac{4}{5\sqrt{5}}$$

이다.

3차원 공간 R^3에서 $i = (1,\ 0,\ 0)$, $j = (0,\ 1,\ 0)$, $k = (0,\ 0,\ 1)$이라고 하면 $f(x, y, z)$의 기울기 벡터는 다음과 같이 정의한다.

$$\nabla f(x,\ y,\ z) = \frac{\partial f}{\partial x}i + \frac{\partial f}{\partial y}j + \frac{\partial f}{\partial z}k = \left(\frac{\partial f}{\partial x}, \frac{\partial f}{\partial y}, \frac{\partial f}{\partial z}\right)$$

따라서 단위벡터 $u = (a,\ b,\ c)$ 방향으로의 f의 방향도함수는 다음과 같다.

$$D_u f(x,\ y,\ z) = \nabla f(x,\ y,\ z) \cdot u$$

일반적으로 다변수함수 $f : R^n \to R$의 기울기벡터와 헤시안 행렬은 다음과 같다.

$$\nabla f = \left(\frac{\partial f}{\partial x_1},\ \frac{\partial f}{\partial x_2},\ \cdots,\ \frac{\partial f}{\partial x_n} \right)$$

$$\nabla^2 f(x,\ y) = \begin{pmatrix} \frac{\partial^2 f}{\partial x_1^2} & \frac{\partial^2 f}{\partial x_1 \partial x_2} & \cdots & \frac{\partial^2 f}{\partial x_1 \partial x_n} \\ \frac{\partial^2 f}{\partial x_2 \partial x_1} & \frac{\partial^2 f}{\partial x_2^2} & \cdots & \frac{\partial^2 f}{\partial x_2 \partial x_n} \\ \vdots & \vdots & \vdots & \vdots \\ \frac{\partial^2 f}{\partial x_n \partial x_1} & \frac{\partial^2 f}{\partial x_n \partial x_2} & \cdots & \frac{\partial^2 f}{\partial x_n^2} \end{pmatrix} = \left(\frac{\partial^2 f(x)}{\partial x_i \partial x_j} \right)$$

일변수함수일 때처럼 이변수함수의 최대, 최소, 극대, 극소를 정의할 수 있다. 주어진 영역에서 가장 큰 값이 최댓값, 가장 작은 값이 최솟값이다. 마찬가지로 부등호의 위치만 바꾸어 극댓값을 정의할 수 있다.

정의 4.11

$(a,\ b)$의 적당한 근방에 있는 모든 $(x,\ y)$에 대하여 $f(a,\ b) \le f(x,\ y)$이면 $f(a,\ b)$를 **극솟값**이라 하며, $f(a,\ b) \ge f(x,\ y)$이면 $f(a,\ b)$를 **극댓값**이라 한다.

정리 4.13

$(a,\ b)$에서 f가 극값을 갖고 $\nabla f(a,\ b)$가 존재하면 $\nabla f(a,\ b) = 0$이다.

정리 4.14

f가 $(a,\ b)$ 근방에서 연속이고 $\nabla f(a,\ b) = 0$라고 하자.

$$D = \begin{vmatrix} f_{xx}(a,\ b) & f_{xy}(a,\ b) \\ f_{yx}(a,\ b) & f_{yy}(a,\ b) \end{vmatrix}$$

라고 하면

(1) $D > 0$이고 $f_{xx}(a,\ b) > 0$이면 f는 $(a,\ b)$에서 극솟값을 갖는다.

(2) $D > 0$이고 $f_{xx}(a,\ b) < 0$이면 f는 $(a,\ b)$에서 극댓값을 갖는다.

(3) $D < 0$이면 $f(a,\ b)$는 극값이 아니다.

(3)의 경우 (a, b)를 f의 안장점(saddle point)이라고 한다. $D=0$인 경우는 알 수가 없다. 여기서 헤시안 행렬의 행렬식 $D=f_{xx}(a, b)f_{yy}(a, b)-[f_{xy}(a, b)]^2$이다. 안장점은 다음과 같은 $z=y^2-x^2$의 그래프에서 보듯이 계곡 가운데 고갯마루 같은 곳이다.

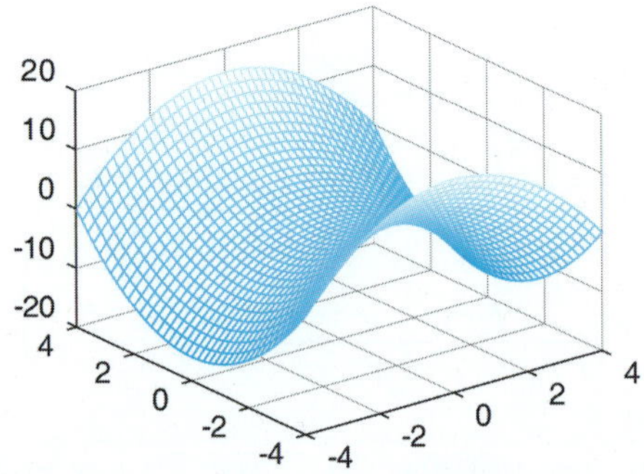


```
>> [x,y]= meshgrid(-4:0.2:4); z = y.^2-x.^2
>> mesh(x,y,z);
```

정리 4.15

f가 닫힌 영역 $E \subset R^2$에서 연속이면 최댓값과 최솟값을 갖는다.

예제 | 4.12

$f(x, y)=x^4+y^4-4xy+1$의 극댓값과 극솟값 그리고 안장점을 구하여 보자.

풀이

$\nabla f=0$이어야 하므로 $f_x=4x^3-4y=0$, $f_y=4y^3-4x=0$이다. 따라서 $x^3=y$이고 $y^3=x$이므로 $x^9=x$이다. 인수분해하면

$$x^9-x=x(x-1)(x+1)(x^2+1)(x^4+1)$$

이므로 $x=0,\ -1,\ 1$이다. 따라서 $(0, 0), (1, 1), (-1, -1)$에서 $\nabla f=0$이다. 한편

$$f_{xx}=12x^2,\ f_{xy}=-4,\ f_{yy}=12y^2$$

이고 $D(x, y) = 144x^2y^2 - 16$이다. 따라서 $D(0, 0) = -16 < 0$이므로 $(0,0)$은 안장점이다. $D(1, 1) = 128 > 0$, $f_{xx}(1, 1) = 12 > 0$이므로 $f(1, 1) = -1$은 극솟값이고, 마찬가지로 $f(-1, -1) = -1$도 극솟값이다. 아래 그래프에서 양쪽 점 $(-1, -1)$과 $(1, 1)$ 위에서 옴폭 내려가고, $(0, 0)$ 위의 점이 안장점임을 알 수 있다.

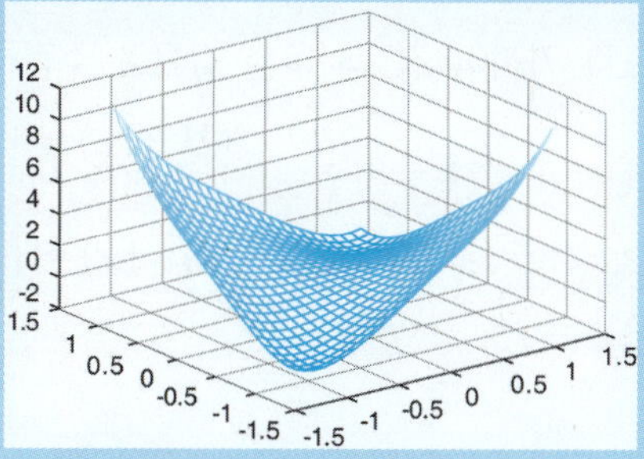


```
>> [x,y]= meshgrid(-1.2:0.1:1.2); z = x.^4+y.^4-4*x.*y+1;
>> mesh(x,y,z);
```

4장 연습문제

01 다음 함수는 $x=0$으로 가까이 갈 때 무슨 값으로 수렴하는가?

(1) $g(x)=x$

(2) $f(x)=|x|$

(3) $h(x)=\dfrac{x^2}{x}$

(4) $r(x)=\begin{cases} 1, & x \geq 0 \\ -1, & x < 0 \end{cases}$

02 다음 함수는 $x=0$에서 연속인가?

(1) $g(x)=x$

(2) $f(x)=|x|$

(3) $h(x)=\dfrac{x^2}{x}$

(4) $r(x)=\begin{cases} 1, & x \geq 0 \\ -1, & x < 0 \end{cases}$

03 다음 함수는 $x=0$에서 미분가능한가?

(1) $g(x)=x$

(2) $f(x)=|x|$

(3) $h(x)=\dfrac{x^2}{x}$

(4) $r(x)=\begin{cases} 1, & x \geq 0 \\ -1, & x < 0 \end{cases}$

04 다음 함수의 도함수를 약속에 따라 구하여 보자.

(1) $f(x)=10$

(2) $f(x)=\dfrac{1}{x}$

(3) $f(x)=e^x$

(4) $f(x)=\sin x$

05 다음 함수를 미분하라.

(1) $y=(x^3+3x^2-4)^3$ (2) $y=\sqrt{x}+\dfrac{1}{\sqrt{x}}$ (3) $y=x^2\sqrt{x^2+1}$

(4) $y=\sin(x^3)$ (5) $y=e^{x^2+1}$ (6) $y=\tan^2(\cos x)$

06 주어진 구간에서 함수의 그래프를 그리고 최댓값, 최솟값, 극댓값, 극솟값 그리고 변곡점이 존재하면 모두 구하라.

(1) $y=2x+3,\ [-1,\ 2]$ (2) $y=\dfrac{1}{x},\ [1,\ 4]$

(3) $y=x^2-2x+1,\ [-2,\ 3]$ (4) $y=\sin x,\ \left[-\dfrac{\pi}{4},\ \dfrac{5\pi}{4}\right]$

(5) $y=(2x+4)(2x+1)(2x-4),\ [-3,\ 3]$

(6) $y=\sin x+\cos x,\ [0,\ \pi]$

07 초기값을 $x_0=1$로 하고 뉴턴 방법으로 $\sqrt{3}$의 근사해 x_3를 구하라.

08 $x^4-x^3-x+1=0$의 해를 초기치 $x_0=2$, tol=0.00001, kmax=20으로 근사해를 구하고자 한다.

(1) $x=1$은 단순근인가 아니면 중근인가?

(2) 뉴턴 방법으로 근사해 x_2를 구하라.

(3) 수정된 뉴턴 방법으로 근사해를 구하라.

(4) 둘의 차이를 보고 그 이유를 설명하라.

09 다음 함수들의 일차 편도함수를 구하라.

(1) $f(x, y) = xe^{2y}$

(2) $f(x, y) = x^2y^3 + 3xy + y^2$

(3) $z = \dfrac{x+y}{x-y}$

(4) $z = x^2 + y^2 + x^2y$

(5) $f(x, y, z) = xy^2z^3 + 3xy + 2z$

(6) $w = \ln(x + 2y + 3z)$

10 연쇄법칙을 이용하여 $f'(t)$를 구하라.

(1) $f(x, y) = x^2y + xy^2,\ x = 1 - t^2,\ y = 2 + 3t^3$

(2) $f(x, y) = xe^{2y},\ x = \sin t,\ y = \cos t$

(3) $f(x, y) = x^2 - xy + y^2,\ x = \sin t,\ y = \cos t$

(4) $f(x, y, z) = \ln(x + 2y + 3z),\ x = e^t,\ y = t^2,\ z = \sin t$

11 연쇄법칙을 이용하여 f_s와 f_t를 구하라.

(1) $f(x, y) = x^2y + xy^2,\ x = s + t,\ y = s - t$

(2) $f(x, y) = xe^{2y},\ x = \sin s + \cos t,\ y = s - t$

(3) $f(x, y) = x^2 - xy + y^2,\ x = s^2 + t,\ y = t^2 + s$

(4) $f(x, y, z) = \ln(x + 2y + 3z),\ x = e^{s-t},\ y = st,\ z = e^{s+t}$

12 음함수 $F(x, y) = 0$의 미분법을 이용하여 $\dfrac{dy}{dx}$를 구하라.

(1) $(1 + xy^2)^2 = xy$

(2) $\cos(x + y) = ye^x$

(3) $x^3 - y^3 = 4xy$

(4) $3xy = x^2y + xy^2 + 1$

13 $f(x,\ y)=xe^y$에 대하여 다음을 구하라.

(1) 기울기벡터 $\nabla f(x,\ y)$와 $P(2,\ 0)$에서의 값

(2) $u=(a,b)$ 방향으로 향하는 방향도함수 $D_u f(x,\ y)$

(3) $P(2,\ 0)$에서 $Q(1,\ 2)$로 향하는 방향도함수의 $P(2,\ 0)$에서의 값

(4) $P(2,\ 0)$에서 어떤 방향으로 갈 때 최대의 변화율을 갖고 그 값은 얼마인가?

14 다음 함수의 극댓값과 극솟값 그리고 안장점을 구하라.

(1) $f(x,\ y)=1+2xy-x^2-y^2$

(2) $f(x,\ y)=x+y+x^2y+xy^2$

옥타브로 배우는 인공지능을 위한 기초수학

5
확률과 통계

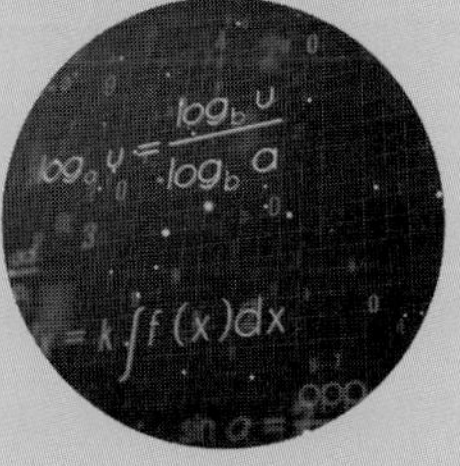

확률하면? 문득 떠오르는 것은 바로 날씨이다. 내일 비가 올 확률이 80%이면 거의 비가 온다고 가정하고 외출할 때 우산을 준비해야 할 것이고, 50%이면 좀 어정쩡하고 20%이면 안 올 가능성이 훨씬 높아 우산을 준비할 필요가 거의 없을 것이다. 통계하면? 바로 떠오르는 것이 내 성적의 평균은 얼마인가? 우리의 평균 수명은 얼마인가? 하는 것이다. 이처럼 확률과 평균은 과거의 제한된 데이터에서 미래의 일을 예측하는데 사용된다. 우리 생활과 매우 밀접한 관계가 있으며 또한 인공지능에서도 수많은 사전 자료를 이용하여 불확실한 것을 보다 정확히 예측하기 위해 많이 사용되는 분야이다. 이 단원에서 다루는 내용은 다음과 같다.

순열, 조합, 확률, 베이즈 정리, 분산과 기댓값, 확률변수, 확률분포

5.1 순열과 조합 그리고 확률

내일 비가 올 확률이 80%란 뜻은 평균 10번에 8번은 비가 온다는 뜻이다. 확률이 100%라면 반드시 비가 올 것이고, 0%이면 절대 비가 오지 않는 다는 뜻이다. 따라서 확률이 100%라느니 또는 0%란 말은 매우 위험한 말이다. 왜냐하면 여기서 말하는 확률은 평균을 뜻하기 때문이다. 데이터가 많을수록 횟수가 많을수록 그 값에 가까이 간다는 뜻이다. 따라서 아무리 확신을 해도 99.99%라고 해야지 100%라고 하면 안 된다. 마찬가지로 0.1%의 가능성도 없다고 해야지 0%라고 말하면 곤란에 빠질 수가 있다.

정의 5.1

확률(probability)이란 어떤 사건(event) A가 발생할 수 있는 경우의 수를 그 사건이 벌어질 수 있는 모든 경우의 수로 나눈 것으로 $p(A)$로 나타낸다. 즉

$$p(A) = \frac{\text{어떤 사건 } A\text{가발생할 수 있는 경우의 수}}{\text{모든 경우의 수}}$$

이 정의에 의하면 확률은 항상 0 이상이고 1 이하이다. 즉 $0 \le p(A) \le 1$이다. A가 발생하지 않는 경우를 여사건(complimentary event)이라고 하며 A^c라고 나타낸다. 모든 사건은 일어나거나 아니면 일어나지 않으니 두 사건의 확률을 합하면 1이므로 $p(A^c) = 1 - p(A)$이다.

예를 들어 동전을 던지면 앞면 아니면 뒷면이 나온다. 따라서 동전을 던질 때 나올 수 있는 경우의 수는 앞면과 뒷면 둘로 앞면이 나올 확률은 그중의 하나이므로 $\frac{1}{2}$, 즉 50%가 된다. 마찬가지로 정육면체인 주사위를 던지면 나올 수 있는 경우의 수가 1에서 6까지 여섯 개이고, 그 중 4가 나올 확률은 한 가지이므로 확률은 $\frac{1}{6}$이 되어 약 16.7%가 된다. 또한 4가 나오지 않을 확률은 여사건으로 보아 $1 - \frac{1}{6} = \frac{5}{6}$가 된다. 홀수가 나올 경우의 수는 1, 3, 5 세 가지이므로 확률은 $\frac{1}{2}$이고 50%이다. 짝수가 나올 확률은 여사건으로 보면 $1 - \frac{1}{2} = \frac{1}{2}$이다.

또 다른 예를 들어보자. 주사위 두 개를 던졌을 때 그 합이 5가 될 확률은 얼마일까? 주사위 하나를 먼저 던졌을 때 나오는 경우의 수가 6개이고, 그 하나가 결정되었을 때 다른 하나를 던지면 또 6개가 있으므로 경우의 수는 모두 36개이다. 즉 이를 순서쌍으로 모두 표시하면 다음과 같다.

$$\{(1,1),(1,2),\cdots,(1,6),(2,1),\cdots,(2,6),\cdots,(6,6)\}$$

이중 합이 5가 되는 경우는 $\{(1,\ 4),\ (2,\ 3),\ (3,\ 2),\ (4,\ 1)\}$ 뿐이므로 전체 36개 중 4개이므로 두 주사위의 합이 5가 될 확률은 $\frac{1}{9}$이 된다. 따라서 사건 A를 "주사위 두 개를 던졌을 때 그 합이 5가 되는 경우"라고 하면 $p(A) = \frac{1}{9}$이라고 쓴다. 따라서 "주사위 두 개를 던졌을 때 그 합이 5가 되지 않는 경우"의 확률은 $p(A^c) = \frac{8}{9}$이다.

이처럼 확률을 구하기 위해서는 경우의 수를 모두 구할 수 있어야 한다. 이것을 일일이 세는 것은 불가능하나 순열과 조합을 이용하여 보다 수월하게 구할 수 있다.

정의 5.2

순열(permutation)이란 서로 다른 n개에서 r개를 선택해 순서를 주어 나열한 경우의 수를 말하며 ${}_nP_r$로 나타낸다.

순서를 주어 나열한다는 것은 1, 2와 2, 1이 다르다는 뜻이다. 예를 들어 a, b, c 세 문자에서 서로 다른 두 문자를 선택해 만들 수 있는 경우의 수는 모두

$$\{ab, ac, bc, ba, ca, cb\}$$

으로 ${}_3P_2 = 6$개라고 나타낸다. n이 커지면 일일이 세는 것은 거의 불가능해진다. 순열을 공식화하기 위하여 음이 아닌 정수 n에 대하여 1부터 n까지 차례대로 모두 곱한 차례곱(계승, factorial)을 다음과 같이 정의한다.

$$n! = n \times (n-1) \times \cdots \times 2 \times 1$$

여기서 $n = 0$인 경우 $0! = 1$이라고 약속한다.

정리 5.1

음이 아닌 정수 n과 r에 대하여 $n \geq r$일 때 ${}_nP_r = \frac{n!}{(n-r)!}$이다.

서로 다른 세 문자에서 서로 다른 두 문자를 선택해 나열할 수 있는 경우의 수는 ${}_3P_2 = \frac{3!}{(3-2)!} = 6$이 된다. 특히 서로 다른 n개에서 n개를 모두 선택해 나열할 수 있는 경우의 수는 ${}_nP_n = \frac{n!}{(n-n)!} = n!$가 된다. 즉 서로 다른 세 문자에서 서로 다른 세 문자를 선택해 나열할 수 있는 경우의 수는 다음처럼 모두 $3! = 6$가 된다.

$$\{abc, acb, bca, bac, cab, cba\}$$

만일 하나도 택하지 않으면 그것은 1이 된다. 따라서 ${}_nP_0 = 1$이다.

만일 같은 것들이 섞여 있다면 전체의 경우의 수를 같은 것들로만 이루어지는 경우의 수로 나누어야 한다.

정리 5.2

k개의 서로 다른 물건들이 섞여서 모두 n개가 있다. 즉 $n = n_1 + n_2 + \cdots + n_k$이다. 이들 모두를 나열하는 경우의 수는 $\frac{n!}{n_1! n_2! \cdots n_k!}$이다.

예를 들어, 5명 중 부회장 2명과 총무 3명을 임명할 수 있는 경우의 수는 모두 $\frac{5!}{2!3!}=10$ 가지가 된다.

나열된 것을 원형으로 만들면 돌려도 그 순서가 모두 같아 그 경우의 수는 선택한 수로 나누어져야 하며, 목걸이 형태이면 뒤집어도 그 순서가 같으므로 둘로 또 더 나누어진다.

정리 5.3

서로 다른 n개에서 r개를 선택했을 때

(1) 원형으로 나열할 수 있는 경우의 수는 ${}_nP_r \times \frac{1}{r}$이다.

(2) 목걸이 형태로 만들 수 있는 경우의 수는 ${}_nP_r \times \frac{1}{2r}$이다.

예를 들어, 색이 다른 세 개의 구슬을 모두 일렬로 나열하면 ${}_3P_3 = 3! = 6$가지이나, 원형으로 묶으면 서로 다른 경우는 $(1,2,3)$과 $(1,3,2)$ 둘 뿐으로 ${}_3P_3 \times \frac{1}{3} = 2$이고, 목걸이로 만들면 뒤집을 수 있으므로 그 둘은 또 같아 한 가지 경우만 있다. 즉 ${}_3P_3 \times \frac{1}{6} = 1$이다.

정의 5.3

조합(combination)이란 서로 다른 n개에서 서로 다른 r개를 선택한 경우의 수를 말하며 ${}_nC_r$ 또는 $\binom{n}{r}$로 나타낸다.

순열과 조합의 차이는 순서가 있으면 순열이고 순서가 없이 택하는 것은 조합이다. 예를 들어 a, b, c 세 문자에서 세 문자 모두 택하는 경우는 한 가지뿐이므로 ${}_3C_3 = 1$이고, 하나만 택하는 경우는 세 가지이므로 ${}_3C_1 = 3$이다. 서로 다른 두 문자를 선택하여 나열한 것은 순열로 ${}_3P_2 = 6$이고 순서는 없이 선택만 하는 경우의 수는 모두 'a와 b, a와 c, b와 c'로 모두 ${}_3C_2 = 3$개이다. 조합은 순서를 무시하므로 순열 ${}_nP_r$을 택한 것을 모두 나열한 경우의 수 $r!$로 나누어주어야 한다. 만일 하나도 택하지 않으면 그것은 1이 된다. 따라서 ${}_nC_0 = 1$이다.

정리 5.4

음이 아닌 정수 n과 r에 대하여 $n \geq r$일 때 ${}_nC_r = \frac{{}_nP_r}{r!} = \frac{n!}{(n-r)!r!}$이다.

5명 중 부회장 2명과 총무 3명을 임명할 수 있는 경우의 수를 조합으로 구하면 5명 중에서 2명의 부회장을 임명하면 나머지 3명은 자동으로 총무가 된다. 그러므로 모두 ${}_5C_3 \cdot {}_3C_3 = \frac{5!}{2!3!} = 10$가지가 된다.

$$ {}_nC_r = \frac{n!}{(n-r)!r!} = \frac{n!}{(n-(n-r)!)(n-r)!} = {}_nC_{n-r} $$

이므로 r 대신 $n-r$을 대입해도 경우의 수는 같다. 즉 서로 다른 세 개에서 두 개를 택하는 경우의 수나 하나를 택한 경우의 수나 둘 다 3으로 같다. 이 조합을 이항계수(binomial coefficient)라고도 하는 데 이 경우 $\binom{n}{r}$을 많이 사용한다. 이는 두 합의 거듭제곱을 전개했을 때 계수가 된다.

정리 5.5 이항정리

$$ (x+y)^n = \sum_{k=0}^{n} \binom{n}{k} x^{n-k} y^k $$

$x = y = 1$을 대입하면 $2^n = \binom{n}{0} + \binom{n}{1} + \cdots + \binom{n}{n}$이란 결과를 얻는다.

정의 5.4

중복조합이란 서로 다른 n개에서 중복을 허락해 r개를 선택한 경우의 수를 말하며 ${}_nH_r$로 나타낸다.

예를 들어 a, b, c 세 문자에서 중복을 허락해 두 문자를 선택할 수 있는 경우의 수는 모두

a와 b, a와 c, b와 c 외 a와 a, b와 b, c와 c

가 되어 ${}_3H_2 = 6$이 된다. 이는 ${}_{3+2-1}C_2 = {}_4C_2 = \frac{4!}{2!2!} = 6$로 같다. 그러므로 중복조합과 조합의 관계는 다음과 같다.

정리 5.6

음이 아닌 정수 n과 r에 대하여 ${}_nH_r = {}_{n+r-1}C_r$이다.

따라서 a, b, c 세 문자에서 중복을 허락해 네 문자를 선택할 수 있는 경우의 수는 모두 ${}_3H_4 = {}_{3+4-1}C_4 = \frac{6!}{2!4!} = 15$가 된다.

5.2 조건부확률과 베이즈 정리

동전 던지기에서 앞면이 나올 확률은 50%였다. 그러면 두 번 던지면 반드시 한 번은 앞면이 나온다는 뜻인가? 그것은 아니다. 10번 던졌는데 10번 다 뒷면이 나올 수도 있다. 그럼에도 확률은 50%이다. 확률이 99%인 경우도 100번 시행하여 100번 다 안 나올 수도 있다. 그럼에도 확률은 99%이다. 확률에서 확실히 말할 수 있는 것은 0과 1뿐이다. 즉 확률은 무한 번 시행했을 때 그 확률에 도달하는 것이다. 이를 대수의 법칙(Law of large number) 또는 통계적 확률이라고 한다. 그래서 기상청에서 날씨를 예보할 때 확률로 말하는 것이다. 그렇지 않으면 엄청나게 욕을 먹을 수 있다. 내일 눈이 온다고 예보했다가 안 오면 엄청 비난을 받겠지만, 99% 확률로 눈이 온다고 했는데 안 오면 비난받을 일이 없기 때문이다.

정리 5.7

(1) $p(A \cup B) = p(A) + p(B) - p(A \cap B)$

(2) $A \cap B = \varnothing$ 이면 $p(A \cup B) = p(A) + p(B)$

동전을 두 번 던졌다고 하자. 앞면이 나온 사건을 A라 하고 뒷면이 나온 사건을 B라고 하자. 그러면 $p(A)=p(B)=\frac{1}{2}$이다. 처음엔 앞면이 나오고 두 번째는 뒷면이 나올 확률은 $p(A\cap B)=p(A)p(B)=\frac{1}{4}$이다. 한편 처음엔 앞면이 나오거나 또는 두 번째는 뒷면이 나올 확률은 $p(A\cup B)=p(A)+p(B)-p(A\cap B)=\frac{3}{4}$이다. 즉 처음엔 뒷면이 나오고 두 번째는 앞면이 나온 경우를 제외한

{(앞, 앞), (앞, 뒤), (뒤, 뒤)}

뿐으로 확률은 $\frac{3}{4}$이다.

$A\cap B=\varnothing$인 경우 두 사건 A와 B를 배반사건(exclusive event) 또는 독립사건(independent event)이라고 한다. 따라서 사건 A와 여사건 A^c는 서로 배반사건이므로 $p(A^c)=1-p(A)$이다.

주사위 두 개를 던졌을 때 나온 두 수의 합이 5가 되는 경우는 $\{(1,4),\ (2,3),\ (3,2),\ (4,1)\}$뿐으로 그 확률은 $\frac{1}{9}$이라고 했다. 그 합이 5가 된 조건 아래에서 두 번째 주사위에 나온 수가 짝수일 확률은 그 합이 5가 되는 경우의 수 4개 중 두 개이므로 $\frac{1}{2}$이 된다. 이처럼 어떠한 조건 아래에서 구하는 확률을 조건부확률이라고 한다.

제2차 세계대전 당시 미국으로 건너간 헝가리 수학자 아브라함 발트(Abraham Wald)는 “적절한 데이터가 부족한 상황에서도 특정 부위를 공격당한 비행기가 살아 돌아올 조건부확률”을 구하여 전쟁에서 수많은 목숨을 구했다고 한다.(《수학의 쓸모》, 2020) 이 원리를 대기업은 똑같은 수학을 이용해 영화, 음악, 뉴스, 항암제를 개인별로 맞춤 제공하고 있는 것으로 발전했다.

영화를 추천해 주는 넷플릭스, 음악을 추천하는 스포티파이, 동영상을 추천하는 유튜브, 친구를 잘 추천해 주는 페이스북 그리고 광고를 잘 보여주는 구글 등은 인공지능으로 개인별 맞춤형 서비스를 한다. 즉 개인의 취향에 맞는 것을 추천해준다. 잘 추천하면 채택될 확률이 높고 이것이 매상으로 이어지기 때문이다. 이때 개인별이란 것이 바로 조건부확률이다. 넷플릭스의 경우를 예로 들면, 영화 〈백두산〉을 좋아하는 가입자에게 영화 〈강철비2〉를 추천하는 것이 좋은지 판단하는 것이다. 즉 조건부확률 p(〈강철비2〉|〈백두산〉)의 값이 크면 추천하고 작으면 하지 않는 것이다. 다시 말하면 조건부확률을 이용하여 엄청 많은 데이터로부터 가입자의 잠재적 성향을 찾아내는 것이다. 따라서 조건부확률로 개인에 적합한 추천을 할 수 있다.

정의 5.5

사건 B가 발생한 조건 아래에서 사건 A가 일어날 확률을 조건부확률(conditional porbability)이라고 하며 $p(A \mid B)$라고 나타내면 다음과 같이 정의한다.

$$p(A \mid B) = \frac{p(A \cap B)}{p(B)}$$

앞선 예에서 주사위 두 개를 던져 그 합이 5가 되는 경우를 B라고 하고, 두 번째 주사위에 나온 수가 짝수가 되는 경우를 A라고 하자. 그러면 $p(B) = \frac{1}{9}$이고 합이 5가 된 조건 아래에서 두 번째 주사위에 나온 수가 짝수일 확률은 $p(A \mid B) = \frac{1}{2}$이다. 주사위 두 개를 던져 그 합이 5가 될 때 그중 두 번째 주사위에 짝수가 나오는 경우인 $A \cap B$은 $\{(1, 4), (3, 2)\}$이므로 확률은 $p(A \cap B) = \frac{1}{18}$로 위 관계식이 성립한다.

$A \cap B = B \cap A$ 이므로 사건 A와 사건 B가 함께 발생할 확률은 A가 발생한 조건 아래에서 사건 B가 일어나는 확률에 사건 A가 일어날 확률을 곱한 것과 같다. 마찬가지로 B가 발생한 조건 아래에서 A가 일어날 확률에 B가 일어날 확률을 곱한 것과 같다.

정리 5.8

$$p(A \cap B) = p(B \mid A)p(A) = p(A \mid B)p(B)$$

만일 사건 A가 발생한 것이 사건 B가 일어나는 것에 아무런 영향을 주지 않는다면, 즉 $p(B|A) = p(B)$이면 두 사건은 서로 독립(independent)이라고 한다. 따라서 A와 B 두 사건이 독립이면 함께 일어날 확률은 각각 일어날 확률의 곱과 같다.

$$p(A \cap B) = p(A)p(B)$$

예를 들어 주사위를 던질 때 1이 나오는 사건을 A, 3이 나오는 사건을 B라고 하자. 그러면 주사위를 두 번 던질 때 첫 번은 1이 나오고 두 번째는 3이 나올 확률은 전체 36개 중 하나이므로 $p(A \cap B) = \frac{1}{36}$이 된다. 또한 두 사건 A와 B는 서로 영향을 주지않는 독립 사건이므로 $p(A \cap B) = p(A)p(B) = \frac{1}{36}$이 된다.

조건부확률로부터 $p(A\cap B)>0$이면 사건 $A\cap B$가 발생한 조건 아래에서 사건 C가 일어나는 확률은 $p(C\,|\,A\cap B)=\dfrac{p(A\cap B\cap C)}{p(A\cap B)}$이므로 다음과 같은 결과를 얻는다.

$$p(A\cap B\cap C)=p(A\cap B)p(C\,|\,A\cap B)=p(A)p(B\,|\,A)p(C\,|\,A\cap B)$$

이것을 일반화하면 다음과 같은 곱의 법칙을 얻는다.

정리 5.9

$$p(A_1\cap\cdots\cap A_k)=p(A_1)p(A_2\,|\,A_1)p(A_3\,|\,A_1\cap A_2)\cdots p(A_k\,|\,A_1\cap\cdots\cap A_{k-1})$$

예제 | 5.1

카드 52장에는 하트가 13장 있다. A_i를 i번째 카드가 하트가 아닌 경우라 하자. 세 번 연속으로 카드를 뽑으려 한다. 뽑은 카드를 다시 넣고 뽑으면 매번 확률이 $\dfrac{39}{52}$으로 똑같으므로 $(\dfrac{3}{4})^3$이 된다. 그러나 뽑은 카드를 다시 넣지 않고 새 카드를 뽑을 때 처음 세 번 연속 하트가 안 뽑힐 확률은 매번 카드의 수는 하나씩 줄고 하트의 수는 그대로이므로 다음과 같다.

$$p(A_1\cap A_2\cap A_3)=p(A_1)p(A_2\,|\,A_1)p(A_3\,|\,A_1\cap A_2)=\frac{39}{52}\frac{38}{51}\frac{37}{50}$$

동전 던지기는 앞면(F) 아니면 뒷면(T)만 나온다. 주사위 던지기는 1에서 6까지만 나온다. 그리고 이들이 나오는 사건은 서로 독립이며, 이들이 나올 수 있는 모든 경우의 확률을 합하면 1이 된다. 따라서 이들이 나올 수 있는 모든 경우, 즉 표본공간을 각각 U와 V라고 하면 각각의 경우

$$U=F\cup T,\quad V=A_1\cup A_2\cup A_3\cup A_4\cup A_5\cup A_6$$

이 된다. 여기서 A_k는 주사위의 k가 나오는 사건이다. 이처럼 표본공간을 구성하고 있는 사건들이 발생할 확률이 0보다 크고 서로 독립이면 각 사건들을 표본공간의 분할이라고 한다. 즉 F, T는 U의 분할이고, A_1, A_2, A_3, A_4, A_5, A_6은 V의 분할이다.

정리 5.10 베이즈

사건 B가 발생한 조건 아래에서 임의의 사건 A가 일어날 조건부확률은 다음과 같다. 단 $P(B) \neq 0$이다.

$$p(A \mid B) = \frac{p(A)p(B \mid A)}{p(B)}$$

여기서 $p(A)$를 사전확률(prior probability), $p(A|B)$을 사후확률(posterior probability), 그리고 $p(B|A)$을 우도(likelihood)라 한다. 베이즈 정리는 확률의 기초적인 이론으로 인공지능의 전문가 시스템에서 확실하지 않은 불확실성을 다루기 위해 적용한다. 즉 어떤 대상에 대한 믿음에 대한 확률을 대략적인 관찰과 불완전한 근삿값만으로도 합리적으로 측정할 수 있다.

$X = A \cup A^c$이고 $A \cap A^c = \varnothing$ 이므로 $B = B \cap X = (B \cap A) \cup (B \cap A^c)$이고 또한

$$(B \cap A) \cap (B \cap A^c) = \varnothing$$

이다. 따라서 $B \cap A$와 $B \cap A^c$는 배반사건이다. 그러므로

$$\begin{aligned} p(B) &= p(B \cap A) + p(B \cap A^c) \\ &= p(A)p(B \mid A) + p(A^c)p(B \mid A^c) \end{aligned}$$

이다.

예제 | 5.2

국민의 10%가 폐질환을 앓고 있고 이 중 80%가 담배를 피며, 폐질환이 없는 사람 중에도 20%가 담배를 핀다고 하자. 그러면 임의로 선정한 사람이 담배를 필 확률은 얼마일까? 또한 담배를 피는 경우 이 사람이 폐질환을 앓고 있을 확률은 얼마인가?

풀이

폐질환을 앓는 사람을 A라 하면 $p(A) = 0.1$이고 $p(A^c) = 0.9$이다. 임의로 선정한 사람이 담배를 피는 경우를 B라고 하면 $p(B \mid A) = 0.8$이고 $p(B|A^c) = 0.2$이다. 따라서 임의로 선정한 사람이 담배를 필 확률은

$$p(B)=p(A)p(B|A)+p(A^c)p(B|A^c)$$
$$=0.1\times 0.8+0.9\times 0.2$$
$$=0.26$$

이다. 임의로 선정한 사람이 담배를 피는데 이 사람이 폐질환을 앓고 있을 확률은

$$p(A|B)=\frac{p(A)p(B|A)}{p(B)}=\frac{0.1\times 0.8}{0.26}=0.3077$$

이다.

$p(B)=p(A)p(B|A)+p(A^c)p(B|A^c)$를 이용하면 사후확률 $p(A|B)$를 우도 $p(B|A)$와 $p(B|A^c)$ 그리고 사전확률 $p(A)$와 $p(A^c)$로 다음과 같이 구할 수 있다.

$$p(A|B)=\frac{p(A)p(B|A)}{p(B)}=\frac{p(A)p(B|A)}{p(A)p(B|A)+p(A^c)p(B|A^c)}$$

예제 | 5.3

주사위 두 개를 던졌을 때 A는 같은 수가 나오는 사건이고, B는 합이 8이 나오는 사건이다. 그러면 $A=\{(1, 1), (2, 2), (3, 3), (4, 4), (5, 5), (6, 6)\}$으로 6개가 발생하고 $B=\{(2, 6), (3, 5), (4, 4), (5, 3), (6, 2)\}$으로 5개가 발생한다. 그리고 $A\cap B=\{(4, 4)\}$이다. 따라서

$$p(A)=\frac{1}{6},\ p(B)=\frac{5}{36},\ p(A\cap B)=\frac{1}{36},\ p(B|A)=\frac{1}{6}$$

이다. 그러므로

$$p(A|B)=\frac{p(A\cap B)}{p(B)}=\frac{p(B|A)p(A)}{p(B)}=\frac{1}{5}$$

이다. 또한 $p(A)=\frac{1}{6},\ p(A^c)=\frac{5}{6},\ p(B|A)=\frac{1}{6},\ p(B|A^c)=\frac{4}{30}=\frac{2}{15}$이므로

$$p(B)=p(B|A)p(A)+p(B|A^c)p(A^c)=\frac{5}{36}$$

이다.

일반화하여 $A_1, A_2, \cdots, A_n$이 표본공간 S의 분할이면 임의의 사건 B에 대하여

$$B = B \cap S = B \cap (\cup_{k=1}^{n} A_k) = \cup_{k=1}^{n} (B \cap A_k)$$

이다. A_k들이 서로 독립이므로 $B \cap A_k$들도 그렇다. 따라서

$$p(B) = p(\cup_{k=1}^{n}(B \cap A_k)) = \sum_{k=1}^{n} p(B \cap A_k) = \sum_{k=1}^{n} p(A_k)p(B \mid A_k)$$

가 된다. 다음은 일반화된 베이즈 정리이다.

정리 5.11

만일 $X = \cup_{k=1}^{n} A_k$이고 $i \neq j$이면 $A_i \cap A_j = \varnothing$이다. 그러면 임의의 사건 B에 대하여 다음이 성립한다.

$$p(A_k \mid B) = \frac{p(A_k \cap B)}{p(B)} = \frac{p(A_k)p(B \mid A_k)}{\sum_{i=1}^{n} p(A_i)p(B \mid A_i)}$$

A_i들을 넷플릭스가 상영하는 영화들이라 하고, A_k를 〈강철비2〉, B를 〈백두산〉이라고 하면 베이즈 정리에 의해서 〈백두산〉을 본 사람에게 〈강철비2〉를 추천하면 또 볼 수 있는 확률은 기존의 다른 데이터를 이용해서 확률을 계산할 수 있다.

자율주행차가 주행할 때 만일 눈이 내려 도로를 덮으면 차선을 가리게 되어 자율주행차의 감각에 영향을 준다. 자율주행차에 가장 중요한 것 중 하나는 "자신이 지금 어디에 있는가?"이다. 베이즈 정리는 자율주행차가 자신이 도로에서 어디에 있는지 알려준다.

1968년 2월에 출항한 스콜피온 핵잠수함이 5월에 실종되었을 때 존 그레이븐은 베이즈 정리에 기반한 검색을 하여 자신들이 믿은 것을 사전확률로 하고 수색을 통한 사실을 데이터로 삼아 수정된 믿음을 사후확률로 하는 과정을 반복하면서 심해에 침몰한 잠수함의 위치를 찾아내었다. 이처럼 우리가 알고 있는 지식이 달라지면 확률도 달라지므로 모든 확률은 조건부확률이라 봐도 큰 무리는 아닌 듯하다. 베이즈 정리는 1750년대 목사인 영국의 토마스 베이즈(Thomas Bayes)가 발견했으나 죽은 뒤인 1761년 발표되었다. 베이즈 정리는 새로운 정보가 입수됐을 때 기존의 믿음을 어떻게 바꿔야 할지 알려주는 매우 귀중한 결과이다.(《수학의 쓸모》, 2020)

5.3 이산확률분포와 통계

동전 던지기에서 앞면 또는 뒷면이 나올 확률은 $\frac{1}{2}$이고 주사위 던지기에서는 1에서 6까지 각 수가 나올 확률이 $\frac{1}{6}$이다. 이처럼 앞면이나 뒷면, 그리고 1에서 6까지의 수가 나오는 것을 확률변수(random variable)라 한다. 이처럼 셀 수 있게 나오는 확률변수를 이산확률변수(discrete random variable)라 한다.

주사위를 예를 들면, 한 번 던졌을 때 나올 수 있는 확률변수 $X \in \{1,2,3,4,5,6\}$이고, 두 번 던졌을 때 그 합이 나올 수 있는 확률변수 $T \in \{2,3,4,5,6,7,8,9,10,11,12\}$이다. 한 번 던진 경우 어떤 확률변수도 나올 확률 $p(X)$은 모두 $\frac{1}{6}$로 같다. 그러나 두 번 던진 경우는 그렇지 않다. 즉 2가 나올 확률은 전체 36가지 중 둘 다 1이 나오는 단 한 가지 경우뿐이므로 $\frac{1}{36}$이나, 3이 나올 확률은 1과 2, 그리고 2와 1이 있으므로 $\frac{1}{18}$이 된다. 이처럼 확률변수에 따라 확률이 달라질 수 있는 데 이러한 이산확률변수의 확률값을 이산확률분포(discrete probability distribution)라 한다.

주사위를 한 번 던졌을 때와 두 번 던졌을 때의 이산확률분포는 다음과 같다. x는 한 번 던졌을 때 나타난 수이며, t는 두 번 던졌을 때 나타난 수의 합이다.

x	1	2	3	4	5	6
$p(X=x)$	$\frac{1}{6}$	$\frac{1}{6}$	$\frac{1}{6}$	$\frac{1}{6}$	$\frac{1}{6}$	$\frac{1}{6}$

t	2	3	4	5	6	7	8	9	10	11	12

이산확률분포는 두 번 던졌을 때 나타난 수의 합처럼 발생하는 모든 경우의 확률을 더하는 것으로 나타낸다. 즉 이산확률변수 X에 $p(X=x)$가 이산확률분포이면

$$p(a \le X \le b) = \sum_{x=a}^{b} p(X=x)$$

이다.

동전 던지기를 하는데 앞면이 나오면 만 원을 받고 뒷면이 나오면 한 푼도 못 받는다고 하자. 그러면 우리가 매번 동전을 던질 때마다 기대할 수 있는 금액은 5천원이다. 왜냐하면

앞면이 나올 확률이 50%이기 때문이다. 따라서 판돈으로 만 원을 내고 하면 손해 볼 것이 예상된다. 이처럼 어떤 사건이 발생했을 때 기대되는 값을 기댓값이라고 한다.

정의 5.6

이산확률변수 X에 대한 기댓값은 $E(X)=\sum xp(x)$이다.

예를 들어 주사위를 한 번 던졌을 때 나오는 수의 확률분포는 다음과 같았다.

x	1	2	3	4	5	6
$p(x)$	$\frac{1}{6}$	$\frac{1}{6}$	$\frac{1}{6}$	$\frac{1}{6}$	$\frac{1}{6}$	$\frac{1}{6}$

따라서 기댓값 $E(X)=\sum xp(x)=\frac{1}{6}(1+2+3+4+5+6)=3.5$가 된다. 또 다른 예로 동전을 두 번 던지는데 둘 다 앞면이면 만 원을, 둘 다 뒷면이면 2만원을, 하나는 앞면 다른 하나는 뒷면이면 4만원을 준다고 하자. 그러면 기대할 수 있는 값은 둘 다 앞면이거나 뒷면이 나올 확률은 각각 $\frac{1}{4}$이고, 하나는 앞면 다른 하나는 뒷면이 나올 확률은 $\frac{1}{2}$이므로 $10000\times\frac{1}{4}+20000\times\frac{1}{4}+40000\times\frac{1}{2}=35000$원이 된다.

모든 변수에 대한 확률이 같다면 그 기댓값을 평균이라고 한다.

정의 5.7

확률변수 $x_1, x_2, \cdots, x_n$에 대한 **평균**(mean)은 $\overline{x}=\frac{1}{n}\sum_{k=1}^{n}x_k$라고 정의한다.

정의 5.8

확률변수 $x_1, x_2, \cdots, x_n$의 평균값이 $\overline{x}$이면 **분산** σ^2와 **표준편차** σ는 다음과 같이 정의한다.

$$\sigma^2=\frac{1}{n}\sum_{k=1}^{n}(x_k-\overline{x})^2,\quad \sigma=\sqrt{\frac{1}{n}\sum_{k=1}^{n}(x_k-\overline{x})^2}$$

주사위를 한 번 던졌을 때 평균은 기댓값으로 $\overline{x}=3.5$이고

$$\sigma^2=\frac{1}{6}\sum_{k=1}^{6}(k-3.5)^2=2.9167,\ \ \sigma=\sqrt{2.9167}=1.7078$$

이다.

5장 연습문제

01 다음 확률을 구하라.

(1) 동전 3개를 던졌을 때 모두 앞면이 나오는 경우

(2) 동전 3개를 던졌을 때 앞면이 한 번 뒷면이 두 번 나오는 경우

(3) 주사위 두 개를 던졌을 때 합이 홀수가 되는 경우

(4) 주사위 두 개를 던졌을 때 합이 짝수가 되는 경우

02 과일 '배, 사과, 밤, 대추'가 있다.

(1) 서로 다른 두 개를 선택해 일렬로 모두 나열하라.

(2) 서로 다른 세 개를 선택해 일렬로 모두 나열하라.

(3) 위에서 나열한 개수를 세어본 후 순열을 이용해 구한 수와 맞나 확인하라.

(4) 네 개를 선택해 일렬로 모두 나열하면 몇 개인가?

(5) 네 개를 선택해 원형으로 모두 나열하면 몇 개인가?

03 다음과 같이 과일이 섞여있다.

(1) '배 2개, 사과 3개'를 직접 나열하고 $\frac{5!}{2!3!}$과 같은지 확인하라.

(2) '배 2개, 사과 3개, 밤 5개, 대추 2개'를 나열하는 경우의 수는 모두 몇 개인가?

04 과일 '배, 사과, 밤, 대추'가 있다.

(1) 하나만 선택할 때의 경우를 나열하라.

(2) 서로 다른 세 개를 선택할 때의 경우를 나열하라.

(3) 위에서 선택해 나열한 개수를 세어본 후 조합을 이용해 구한 수와 맞나 확인하라.

(4) 네 개를 선택만 하는 경우의 수는 모두 몇 개인가?

05 이항계수를 이용해 다음을 전개하라.

(1) $(x+y)^3$

(2) $(x-y)^4$

(3) $(2x-3y)^3$

(4) $(3x+2y)^5$

06 $(x-2y)^8$에서 x^5y^3과 x^3y^5의 계수를 구하라.

07 과일 '배, 사과, 밤'이 있다.

(1) 한 개를 선택할 때의 경우를 나열하라.

(2) 중복을 허락해 두 개를 선택할 때의 경우를 나열하라.

(3) 중복을 허락해 세 개를 선택할 때의 경우를 나열하라.

(4) 위에서 선택해 나열한 개수를 세어본 후 중복조합을 이용해 구한 수와 맞나 확인하라.

08 주사위를 두 번 던질 때 첫 번째 나온 수가 짝수인 조건 아래에서 두 수의 합이 5가 될 확률은 얼마인가?

09 인공지능을 전공하는 학생이 모두 100명으로 남녀별 주거 형태는 다음과 같다. 이중 전공 대표를 한 명 뽑으려 한다.

	자가	자취	기숙사	하숙	합
남자	12	24	18	6	60
여자	8	6	22	4	40
합	20	30	40	10	100

(1) 선택된 학생이 남자일 때 자취생일 확률

(2) 선택된 학생이 여자일 때 기숙사에서 다닐 확률

(3) 선택된 학생이 자기 집에서 다니는데 여자일 확률

(4) 선택된 학생이 하숙을 하는데 남자일 확률

10 강아지 5마리, 토끼 2마리 그리고 고양이 3마리가 있다. 임의로 3마리를 꺼낼 때 차례로 강아지, 토끼, 고양이가 나올 확률은 얼마인가? 단 다시 넣지 않는다.

11 어느 해에 한 회사를 조사해보니 직원들 중 담배를 많이 피우는 사람, 적게 피는 사람, 전혀 피우지 않는 사람의 비율이 각각 20%, 30%, 50%이다. 5년 후 담배를 적게 피는 사람은 전혀 피우지 않는 사람의 두 배가 사망했고, 많이 피우는 사람에 비해서는 50%만이 사망했다. 이 해의 사망한 직원을 임의로 선택했을 때, 그 직원이 담배를 많이 피우는 사람이었을 확률을 구하라.

12 이산확률변수 $X \in \{1, 2, 3, 4, 5, 6\}$에 대하여 $p(X < 4) = 0.6$, $p(X > 4) = 0.3$일 때 다음을 구하라.

(1) $p(X = 4)$ (2) $p(X < 5)$ (3) $p(X > 3)$

13 1000만원 상금이 1장, 100만원 상금이 10장, 10만원 상금이 100장인 복권이 만 장이 팔렸다. 이 복권을 1만원 주고 1장 샀다. 기댓값을 구해보고, 학생이라면 이러한 복권을 구입할 것인지 생각해보라.

14 주사위를 두 번 던졌을 때 나온 수들의 합의 평균과 곱의 평균을 구하라.

옥타브로 배우는 인공지능을 위한 기초수학

6
최소제곱법과 경사하강법

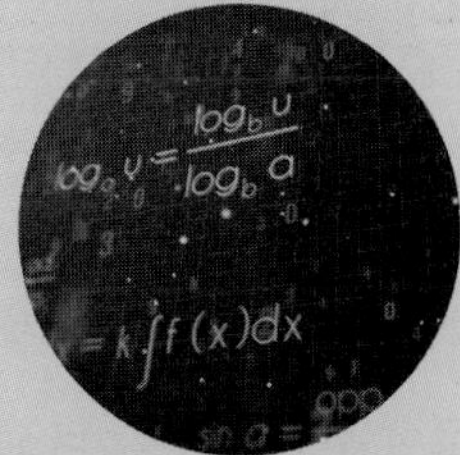

신입생의 키를 x 라 하고 몸무게를 y 라고 하자. 이 데이터를 통해 키와 체중 사이의 관계를 알고 싶다. 그 관계를 직선으로 나타내면 일반적으로 키가 큰 사람이 체중이 많이 나가므로 양의 기울기를 가진 직선이 될 것이다. 이 절에서 구하고자 하는 것은 주어진 데이터를 가장 잘 나타내는 또는 데이터와의 오차가 가장 적은 직선을 구하고, 나아가 일반적으로 주어진 데이터를 가장 잘 나타내는 곡선을 찾는 것이다. 또한 다변수함수의 극솟값을 어떻게 찾아가는지 알아본다. 이는 인공지능 알고리즘에서 주어진 데이터의 선형회귀 모델에 사용되는 가장 좋은 가중치를 찾는데 이용된다. 이 단원에서 다루는 내용은 다음과 같다.

최소제곱방법, 경사하강법

6.1 최소제곱방법과 직선

다음 그림과 같은 데이터 (x_k, y_k), $k=1, \cdots, n$를 가장 잘 나타내는 직선을 구하고자 한다. 직선은 $y=a+bx$로 나타내므로 $f(x)=a+bx$라고 하고 가장 적절한 계수를 구하면 된다. 여기서 $y=a+bx$를 선형회귀 모델이라 하고 상수 a와 b를 가중치라고 한다.

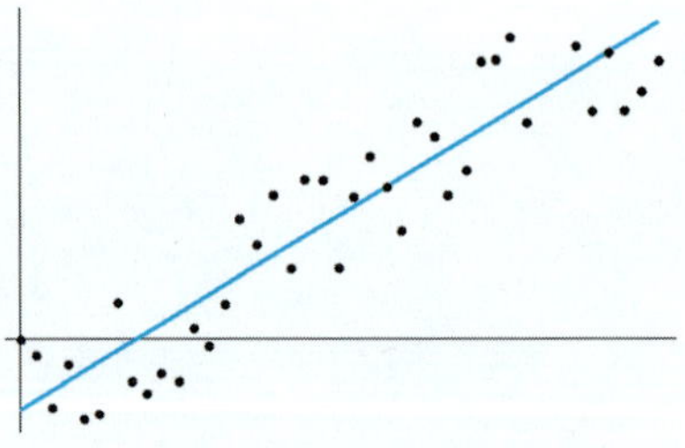

직선 $f(x)=a+bx$가 주어진 데이터를 가장 잘 나타낸다는 것은 각 점 x_k, $k=1, \cdots, n$에서 직선 위의 함숫값 $f(x_k)$과 대응하는 자료의 데이터 y_k와의 오차 $f(x_k)-y_k$를 최소화하는 것을 말한다. 오차는 음수 또는 양수일 수 있으므로 그냥 합하면 오차가 큼에도 불구하고 서로 상쇄하여 마치 오차가 적은 듯이 보일 수 있어 오차의 절대값 $|f(x_k)-y_k|$를 최소화하여

야 의미가 있다. 절대값은 미분을 사용하는데 불편함이 있어 대신 오차의 제곱 $(f(x_k)-y_k)^2$을 최소화한다. 따라서 최적의 직선 $f(x)=a+bx$를 구한다는 것은 모든 x_k에서 대응하는 오차의 제곱의 합

$$\sum_{k=1}^{n}(f(x_k)-y_k)^2$$

의 값을 최소화하는 것과 같다. 이를 최소화하는 계수 a, b를 구하면 $f(x)=a+bx$는 오차의 절대값의 합이 가장 작게 되는 직선이므로 최소제곱직선이라고 한다. 이와 같이 오차의 제곱의 합이 최소가 되게 하는 상수 a와 b를 구하는 방법을 최소제곱방법(least square method)이라 하며 통계학에서는 선형회귀분석이라고도 한다.

$\sum_{k=1}^{n}(f(x_k)-y_k)^2$은 그 값이 a와 b에 따라 달라지므로 오차의 제곱의 합은 a와 b에 관한 이변수함수 $\phi: R^2 \to R$로 다음과 같이 나타낼 수 있다.

$$\phi(a, b) = \sum_{k=1}^{n}(a+bx_k-y_k)^2$$

오차의 제곱의 합이 최소가 된다는 것은 이변수함수 $\phi(a, b)$가 최소가 되는 것으로 $\phi(a, b)$의 값이 최소가 되는 점 (a, b)를 구하면 그 때 $f(x)=a+bx$가 오차를 가장 최소화하는 최소제곱직선이 된다.

함수 $\phi(a, b)$가 최소가 되는 점에서 기울기벡터 $\nabla\phi=0$이므로 a와 b에 관한 ϕ의 편미분은

$$\frac{\partial \phi}{\partial a} = \sum_{k=1}^{n}2(a+bx_k-y_k)=0$$
$$\frac{\partial \phi}{\partial b} = \sum_{k=1}^{n}2(a+bx_k-y_k)x_k=0$$

이다. 위의 식을 간단히 정리하면

$$\begin{cases} na+\left(\sum_{k=1}^{n}x_k\right)b=\sum_{k=1}^{n}y_k \\ \left(\sum_{k=1}^{n}x_k\right)a+\left(\sum_{k=1}^{n}x_k^2\right)b=\sum_{k=1}^{n}x_ky_k \end{cases}$$

으로 이 연립방정식의 해는 다음과 같다.

$$a=\frac{1}{d}\left(\sum_{k=1}^{n}x_k^2\cdot\sum_{k=1}^{n}y_k-\sum_{k=1}^{n}x_k\cdot\sum_{k=1}^{n}x_ky_k\right)$$
$$b=\frac{1}{d}\left(n\sum_{i=1}^{n}x_ky_k-\sum_{k=1}^{n}x_k\sum_{k=1}^{n}y_k\right)$$

여기서 d는 행렬식 $\begin{vmatrix} n & \sum_{k=1}^{n}x_k \\ \sum_{k=1}^{n}x_k & \sum_{k=1}^{n}x_k^2 \end{vmatrix}$으로 $d=n\sum_{k=1}^{n}x_k^2-\left(\sum_{k=1}^{n}x_k\right)^2$이다.

예제 | 6.1

다음 데이터의 최소제곱직선을 구하라.

$$\{(0,\ -1),\ (1,\ 2),\ (1,\ 1),\ (2,\ 4),\ (2,\ 3),\ (3,\ 5),\ (4,\ 4)\}$$

풀이

구하고자 하는 최소제곱직선을 $y=a+bx$라 하자. 그러면

$$\sum_{k=1}^{7}x_k^2=35,\sum_{k=1}^{7}x_k=13,\ \sum_{k=1}^{7}x_ky_k=47,\sum_{k=1}^{7}y_k=18$$

이므로

$$\begin{cases}7a+13b=18\\13a+35b=48\end{cases}$$

이고 해는 $a=\frac{3}{38}$, $b=\frac{51}{38}$을 얻는다. 따라서 최소제곱직선은 $y=\frac{3}{38}+\frac{51}{38}x$이고 다음 그림과 같다. 참고로 $a=0.078947$, $b=1.342105$이다.

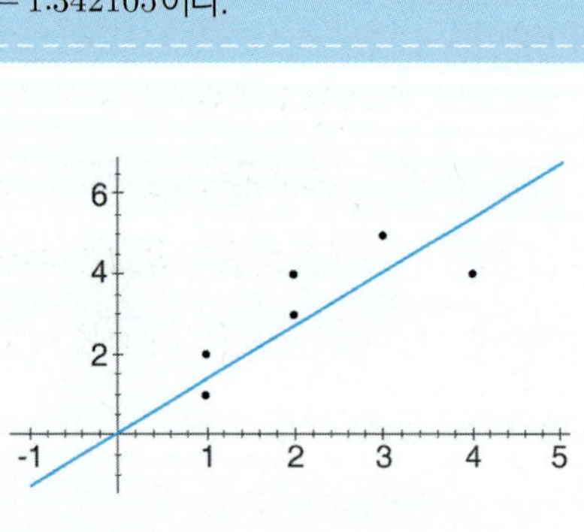

입력 $(x_i,\ y_i)$, $i=1,\ \cdots,\ n$에 대하여 최소제곱직선 $y=a+bx$의 상수 a와 b를 구하는 최소제곱방법의 알고리즘은 다음과 같다.

$$d=n\sum_{k=1}^{n}x_k^2-\left(\sum_{k=1}^{n}x_k\right)^2;$$

$$a=\frac{1}{d}\left(\sum_{k=1}^{n}x_k^2\cdot\sum_{k=1}^{n}y_k-\sum_{k=1}^{n}x_k\cdot\sum_{k=1}^{n}x_ky_k\right);$$

$$b=\frac{1}{d}\left(n\sum_{i=1}^{n}x_ky_k-\sum_{k=1}^{n}x_k\sum_{k=1}^{n}y_k\right);$$

프로그램 6.1

```
least_square.m
function [a,b]=least_square(xdata, ydata)
if length(xdata)~=length(ydata)
    'xdata와 ydata의 크기가 다름!'
    return
end
[row,col]=size(xdata);
if row<col
    xdata=xdata'; % 행벡터로 주어지면 열벡터로 만듦
end
[row,col]=size(ydata);
if row<col
    ydata=ydata'; % 행벡터로 주어지면 열벡터로 만듦
end
%
n=length(xdata);
x1=sum(xdata); y1=sum(ydata); x2=xdata'*xdata; xy=xdata'*ydata;
d=n*x2-x1^2;
a=(x2*y1-x1*xy)/d;          % y = a + bx
b=(n*xy-x1*y1)/d;
endfunction
```

실행

```
>> xdata=[1.0 1.5 1.7 2.5 3.0 3.0 3.5];
>> ydata=[1.5 0.4 2.3 2.1 3.0 5.5 7.8];
>> [a, b]=least_square(xdata, ydata)
a = -2.0563
b =  2.2836
```

주어진 데이터와 여기서 구한 최소제곱직선과의 관계는 다음과 같다.

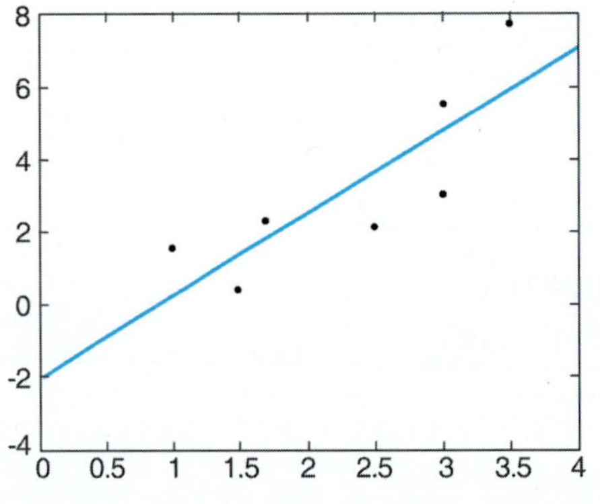


```
>> x_bar=linspace(0, 4); y_bar=a+b.*x_bar;
>> plot(xdata,ydata,'.')
>> hold on
>> plot(x_bar,y_bar)
```

데이터를 두 개 이상으로 일반화하면 인공지능에서 많이 다루는 가중치 문제가 된다. 예를 들면 $l(\geq 1)$개의 정보가 있는 데이터 $x_k = (x_{k1}, x_{k2}, \cdots, x_{kl})$에 대응하는 y_k, $k=1, \cdots, n$가 있다고 하자. 다시 말하면 l개의 조건 $x_{k1}, x_{k2}, \cdots, x_{kl}$을 갖게 되면 이루어진 결과는 y_k가 된다. 이 경우 입력층 노드는 l개이며 출력층 노드는 한 개가 된다. 이러한 수많은(n) 사전 데이터 l개의 정보를 갖고 미래의 행동(y)을 가능한 정확하게 예측하려는 것이 바로 인공지능이며 기계학습이며 발전해서 딥러닝이다.

이 데이터 (x_k, y_k), $k=1, \cdots, n$를 가장 잘 나타내는 함수, 즉 선형회귀 모델을 $f(x_{k1}, x_{k2}, \cdots, x_{kl}) = w_0 + \sum_{i=1}^{l} w_i x_{ki}$이라고 하자.

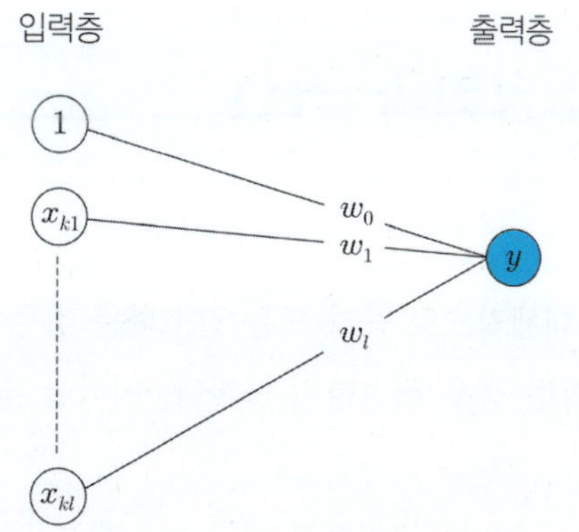

그러면 이 함수에 대한 오차의 제곱의 합 또는 손실함수는

$$\phi(w_0,\ \cdots,\ w_l) = \sum_{k=1}^{n}(w_0 + w_1 x_{k1} + \cdots + w_l x_{kl} - y_k)^2$$

이 된다. $\nabla\phi = 0$이므로 w_i에 관한 ϕ의 편미분은 $i=1,\ \cdots,\ l$에 대하여

$$\frac{\partial\phi}{\partial w_0} = \sum_{k=1}^{n} 2(w_0 + w_1 x_{k1} + \cdots + w_l x_{kl} - y_k) = 0$$
$$\frac{\partial\phi}{\partial w_i} = \sum_{k=1}^{n} 2(w_0 + w_1 x_{k1} + \cdots + w_l x_{kl} - y_k)x_{ki} = 0$$

이므로 크기가 $l+1$인 연립방정식이 된다. 따라서 $i=1,\ \cdots,\ l$에 대하여

$$\begin{cases} \displaystyle\sum_{k=1}^{n}(w_0 + w_1 x_{k1} + \cdots + w_l x_{kl} - y_k) = 0 \\ \displaystyle\sum_{k=1}^{n}(w_0 + w_1 x_{k1} + \cdots + w_l x_{kl} - y_k)x_{ki} = 0 \end{cases}$$

$l=1$이면 최소제곱직선을 구하는 최소제곱방법의 연립방정식과 같다.

$$\begin{cases} \displaystyle\sum_{k=1}^{n}(w_0 + w_1 x_{k1} - y_k) = 0 \\ \displaystyle\sum_{k=1}^{n}(w_0 + w_1 x_{k1} - y_k)x_{k1} = 0 \end{cases}$$

또는

$$\begin{cases} nw_0 + \left(\displaystyle\sum_{k=1}^{n} x_{k1}\right)w_1 = \displaystyle\sum_{k=1}^{n} y_k \\ \left(\displaystyle\sum_{k=1}^{n} x_{k1}\right)w_0 + \left(\displaystyle\sum_{k=1}^{n} x_{k1}^2\right)w_1 = \displaystyle\sum_{k=1}^{n} x_{k1}y_k \end{cases}$$

6.2 최소제곱방법과 곡선

최소제곱직선은 자료가 대체적으로 증가 또는 감소하는 경우 그 경향을 잘 나타내 준다. 그러나 증가와 감소가 혼합된 경우 적절하지 못하다. 이러한 경우 직선보다 곡선이 더 잘 나타낼 수 있다.

함수 $g_1(x)$, $\cdots$, $g_m(x)$은 일차독립이라고 하고 최소제곱곡선을 $y=\sum_{j=1}^{m} c_j g_j(x)$라고 하면 오차의 제곱의 합 $\phi : R^m \to R$는

$$\begin{aligned}\phi(c_1, \cdots, c_m) &= \sum_{k=1}^{n}(c_1 g_1(x_k)+\cdots+c_m g_m(x_k)-y_k)^2 \\ &= \sum_{k=1}^{n}(\sum_{j=1}^{m} c_j g_j(x_k)-y_k)^2\end{aligned}$$

으로 나타낼 수 있다. 각 변수 c_i에 관하여 미분하면 $i=1, \cdots, m$에 대하여

$$\frac{\partial \phi}{\partial c_i}=2\sum_{k=1}^{n}(\sum_{j=1}^{m} c_j g_j(x_k)-y_k)g_i(x_k)$$

이고 이 함수 ϕ의 최소점에서 $\nabla \phi = 0$이므로, $i=1, \cdots, m$에 대하여

$$\sum_{j=1}^{m}(\sum_{k=1}^{n} g_j(x_k) g_i(x_k))c_j = \sum_{k=1}^{n} y_k g_i(x_k)$$

이다. $c=(c_1, \cdots, c_m)^T$, $y=(y_1, \cdots, y_n)^T$라 하면 이 식은 다음과 같은 연립방정식으로 나타낼 수 있다.

$$G^T G c = G^T y$$

단,

$$G=\begin{pmatrix} g_1(x_1) & \cdots & g_m(x_1) \\ g_1(x_2) & \cdots & g_m(x_2) \\ \vdots & \vdots & \vdots \\ g_1(x_n) & \cdots & g_m(x_n) \end{pmatrix}$$

이 식을 정규방정식(normal equation)이라 한다.

예제 6.1에 주어진 데이터 $(0,-1),(1,2),(1,1),(2,4),(2,3),(3,5),(4,4)$에서 $g_1(x)=1$, $g_2(x)=x$라고 하자. 그러면

$$G=\begin{pmatrix}1&0\\1&1\\1&1\\1&2\\1&2\\1&3\\1&4\end{pmatrix}$$

이므로 $G^TG=\begin{pmatrix}7&13\\13&35\end{pmatrix}$이고 $G^Ty=\begin{pmatrix}18\\48\end{pmatrix}$이 되어 예제에서 나온 연립방정식

$$\begin{cases}7a+13b=18\\13a+35b=48\end{cases}$$

과 같다.

자료 (x_i, y_i), $i=1, \cdots, n$와 일차독립인 함수 $g_1(x), \cdots, g_m(x)$을 입력하면 출력으로 최적제곱곡선 $y=c_1g_1(x)+\cdots+c_ng_m(x)$의 계수가 구해지는 알고리즘은 다음과 같다.

$$G=\begin{pmatrix}g_1(x_1)\cdots g_m(x_1)\\g_1(x_2)\cdots g_m(x_2)\\\vdots \quad \vdots \quad \vdots\\g_1(x_n)\cdots g_m(x_n)\end{pmatrix},\ y=\begin{pmatrix}y_1\\y_2\\\vdots\\y_n\end{pmatrix}$$

$G^TGc=G^Ty$의 해를 구한다.

데이터 $\{(1.0, 1.5), (1.5, 0.4), (1.7, 2.3), (2.5, 2.1), (3.0, 3.0), (3.0, 5.5), (3.5, 7.8)\}$를 가장 잘 나타내는 곡선 $g(x)=a+b\sin x+c\cos x$는 least_square_curve.m을 이용하여 다음과 같이 구할 수 있다.

프로그램 6.2

```
least_square_curve.m
function [c]=least_square3(xdata, ydata, g1,g2,g3)
if length(xdata)~=length(ydata)
    'xdata와 ydata의 크기가 다름!'
    return
end
[row,col]=size(xdata);
if row<col
    xdata=xdata'; % 행벡터로 주어지면 열벡터로 만듦
end
A(:,1)=g1(xdata); A(:,2)=g2(xdata);A(:,3)=g3(xdata);
[row,col]=size(ydata);
if row<col
    ydata=ydata'; % 행벡터로 주어지면 열벡터로 만듦
end
c=(A'*A)\(A'*ydata); % 올림차순
%
x_bar=0:0.01:4; y_bar=c(1)+c(2).*g2(x_bar)+c(3).*g3(x_bar);
plot(xdata,ydata,'.')
hold on
plot(x_bar,y_bar)
endfunction
```

실행

```
>> g1=inline('x-x+1'); g2=inline('sin(x)'); g3=inline('cos(x)');
>> xdata=[1.0 1.5 1.7 2.5 3.0 3.0 3.5];
>> ydata=[1.5 0.4 2.3 2.1 3.0 5.5 7.8];
>> [x]=least_square3(xdata, ydata, g1,g2,g3)
x =
   5.87182
  -5.00488
   0.52036
```

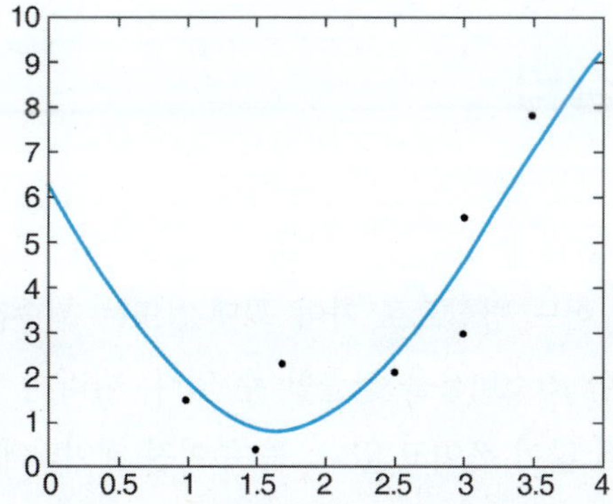

일차독립인 함수로 $g_k(x) = x^k$, $k = 0, 1, 2, \cdots, m$라고 하면 최적제곱근사함수는 m차 다항식 $p(x) = a_0 + a_1 x + \cdots + a_m x^m$이 된다.

$$\phi(a_0, \cdots, a_m) = \sum_{k=1}^{n} (a_0 + a_1 x_k + \cdots + a_m x_k^m - y_k)^2$$

을 최소화하는 문제이므로 $m+1$차 연립방정식 $\nabla \phi = 0$를 만족하는 해가 m차 다항식의 계수가 된다. 이 경우

$$G = \begin{pmatrix} 1 & x_1 & \cdots & x_1^m \\ 1 & x_2 & \cdots & x_2^m \\ \vdots & \vdots & \vdots & \vdots \\ 1 & x_n & \cdots & x_n^m \end{pmatrix}$$

이며 $G^T G a = G^T y$의 해 $a = (a_0, a_1, \cdots, a_m)$이 최소제곱다항식 $p(x)$의 계수가 된다.

자료 (x_i, y_i), $i = 1, \cdots, n$를 가장 잘 나타내는 최적제곱곡선 $p(x) = a_0 + a_1 x + \cdots + a_m x^m$의 계수를 구하는 알고리즘은 다음과 같다.

$$G = \begin{pmatrix} 1 & x_1 & \cdots & x_1^m \\ 1 & x_2 & \cdots & x_2^m \\ \vdots & \vdots & \vdots & \vdots \\ 1 & x_n & \cdots & x_n^m \end{pmatrix}, \quad y = \begin{pmatrix} y_1 \\ y_2 \\ \vdots \\ y_n \end{pmatrix}$$

$G^T G a = G^T y$의 해를 구한다.

6.3 경사하강법

기울기벡터를 이용하면 어느 방향으로 가야 최댓값(또는 최솟값)을 얻는지 알 수 있다. 이를 이용하면 모델에 관한 최소비용을 산출할 수 있다. 따라서 인공지능의 기계학습에서 가중치의 최적해를 구할 때 많이 쓰이고 있다. 즉 주어진 데이터에 적합한 변수들을 구하기 위해서 이 변수들 위에서 정의된 함수를 생각한다. 이 함수를 목적함수(objective funtion) 또는 비용함수(cost function)라고 한다.

목적함수 $f : R^n \to R$가 최솟값을 갖는 점 x^*을 구하고자 한다. 즉 모든 $x \in R^n$에 대하여 $f(x^*) \le f(x)$인 점 x^*을 최소자(global minimizer)라 하며

$$x^* = \text{argmin}_{x \in R^n} f(x)$$

라고 나타낸다. 이것을 아무런 제약조건이 없는 최적화 문제라고 한다. 한편 어떤 점 x^*을 중심으로 적당한 주변 안의 모든 x에 대하여 $f(x^*) \le f(x)$인 x^*는 극소자(local minimizer)라고 하며, 이 경우 제약조건이 있는 최적화 문제라고 한다.

이러한 최소자를 찾는 방법은 초깃값 x_0를 주고 $f(x_1) \le f(x_0)$인 x_1, $f(x_2) \le f(x_1)$인 x_2 등을 반복하여 찾아가 점차 최소자 x^*에 도달할 수 있게 한다.

최적화 문제 : 다변수함수 $f : R^n \to R$에 대하여 $x^* = \text{argmin}_{x \in R^n} f(x)$을 찾음

이와 같이 아무런 제약조건이 없는 최적화 문제는 R^n 위에서 $f(x)$가 최솟값을 갖는 문제로 $\nabla f(x^*) = 0$이다. f가 선형이 아닌 경우는 대수적으로 이 문제를 푸는 것은 쉽지 않다. 따라서 초기치를 주고 점차 개선하는 방향으로 반복법을 사용하여 그 극한이 $\nabla f(x) = 0$을 만족하도록 한다. 초기치에 따라 수렴할 수도 안 할 수도 있으므로 초기치 선정은 매우 중요하다.

x에서 출발해 $f(x+th) < f(x)$을 만족하는 $x+th$를 찾고자 한다. 여기서 h는 진행 방향이고 $t > 0$이다. 테일러 1차 전개에 의해

$$f(x+th) \approx f(x) + t\nabla f(x)h$$

이므로 $\nabla f(x)h < 0$가 되는 h를 택하면 $f(x+th) < f(x)$이 되어 작아진다. 그래서 벡터 h를 하강방향이라 하고 t를 보폭 크기(step size)라 한다.

즉 주어진 초깃값 x_0에 대하여 방향도함수가 $\nabla f(x_k)h_k < 0$인 h_k와 보폭의 크기 t_k를 택하면 $f(x_k + t_k h_k) < f(x_k)$가 된다. 따라서 다음 근사치로 $x_{k+1} = x_k + t_k h_k$를 택하고 반복한다. h_k가 결정되면 보폭의 크기 t_k를 결정한다.

정의 6.1

$\nabla f(x)h < 0$를 만족하는 벡터 h를 x에서 하강방향(descent direction)이라 한다.

예제 | 6.2

$f(x,y) = \dfrac{e^2 xy}{e^{x^2+y^2}}$이고 $x_0 = \begin{pmatrix} 1 \\ 1 \end{pmatrix}$이라고 하자. 그러면 $f(x_0) = 1$이고

$$f_x = \frac{e^2(y - 2x^2 y)}{e^{x^2+y^2}}, \quad f_y = \frac{e^2(x - 2xy^2)}{e^{x^2+y^2}}$$

이므로 $\nabla f(x_0) = (-1, -1)$이다. $h_1 = \begin{pmatrix} 2 \\ 3 \end{pmatrix}$을 택하면 $\nabla f(x_0)h_1 = -5 < 0$이므로 h_1는 하강방향이다. 또한 $h_2 = -\nabla f(x_0)^T = \begin{pmatrix} 1 \\ 1 \end{pmatrix}$도 하강방향이다. 다양한 보폭 크기 t에 대해 첫 번째 근사해 $x_0 + th_1$과 $x_0 + th_2$에서 함숫값을 gdm.m을 이용하여 계산하면 다음과 같이 $f(x_0) = 1$보다 작은 값이 나오므로 h_1과 h_2하강방향이 맞다.

t	$f(x_0 + th_1)$	$f(x_0 + th_2)$
2	1.8831e-30	0.0000010128
1	1.2314e-09	0.0099150087
0.5	1.3063e-03	0.1846912469
0.2	1.8023e-01	0.5972873928
0.1	5.0393e-01	0.7950266520

프로그램 6.3

```
gdm.m
function [f] = gdm(data)
x =data(1); y=data(2);
f =e^2*x*y/exp(x^2+y^2);
endfunction
>> t=[2 1 0.5 0.2 0.1]; x0=[1 1]; h1=[2 3]; h2=[1 1];
>> for k=1:length(t)
data1=x0+t(k)*h1; y1(k)=gdm(data1);
data2=x0+t(k)*h2; y2(k)=gdm(data2);
end
>> [y1',y2']
ans =
    1.8831e-30   1.0128e-06
    1.2314e-09   9.9150e-03
    1.3063e-03   1.8469e-01
    1.8023e-01   5.9729e-01
    5.0393e-01   7.9503e-01
```

h_1, h_2가 하강방향이면 $\alpha_1, \alpha_2 > 0$에 대해

$$\nabla f(x)(\alpha_1 h_1 + \alpha_2 h_2) = \alpha_1 \nabla f(x) h_1 + \alpha_2 \nabla f(x) h_2 < 0$$

이므로 $\alpha_1 h_1 + \alpha_2 h_2$도 하강방향이다.

함수 $f : R^n \to R$의 최솟값을 찾기 위하여 초기값 x_0를 주고 순차적으로 함숫값이 점점 작아지도록 반복해, 즉 $f(x_0) > f(x_1) > \cdots > f(x^*)$이 되도록 최소자 x^*를 찾는 법을 경사하강법(Gradient Descent Method)이라고 하다.

$\alpha_0(t) = x_0 + tu$는 x_0를 지나고 방향이 u 인 직선이다. $\phi_0(t) = f(\alpha_0(t))$라고 하자. 그러면 $\phi_0(t) = f(x_0 + tu)$는 $\phi_0 : R \to R$인 함수로 x_0에서 감소함수가 되어야 한다. 적당한 t_0에 대하여 $x_1 = x_0 + t_0 u$가 $f(x_0) > f(x_1)$가 되어야 하므로 $\phi_0{}'(0) < 0$이 되는 u를 찾아야 한다.

$$\phi_0{}'(0) = \nabla f(x_0) \cdot u = \|\nabla f(x_0)\| \|u\| \cos\theta$$

이므로 $\theta = \pi$일 때 최소가 된다. 여기서 θ는 기울기벡터 $\nabla f(x_0)$와 u가 이루는 각이다. 즉 $\nabla f(x_0)$와 반대방향인 벡터 $u = -\nabla f(x_0)$가 $\phi_0{}'(0)$이 최소가 되는 방향벡터이다. 그러

므로 $f(x_0 - t\nabla f(x_0))$의 값이 최소가 되는 보폭의 크기 t_0를 구하면 $x_1 = x_0 + t_0 u$가 된다. 경사하강법의 알고리즘은 다음과 같다.

초기값 x_0에 대하여
for k = 1 : kmax
  $\phi(t) = f(x_{k-1} - t\nabla f(x_{k-1}))$을 최소로 하는 값 $t > 0$를 구한다.
  $x_k = x_{k-1} - t\nabla f(x_{k-1})$;
end

예제 | 6.3

$f(x,y) = 2x^2 - 2xy + y^2$라 하자. $f(x,y) = x^2 + (x-y)^2$이므로 $(0,0)$에서 최솟값 0을 갖는다. 따라서 이 함수의 최소자는 $x^* = (0,0)$이다. 초기치 $x_0 = (2,3)$을 시작으로 최소자를 찾아가보자. $f(x_0) = 5$이다.

$\nabla f(x,\ y) = (4x - 2y,\ 2y - 2x)$이므로 $\nabla f(x_0) = (2,2)$이다.

$$\phi(t) = f(x_0 - t\nabla f(x_0)) = f(2-2t,\ 3-2t)$$

이고, $\phi'(t) = -\nabla f(2-2t,\ 3-2t) \cdot (2,\ 2) = 8t - 8$이다. $\phi(t)'' = 8 > 0$이므로 $\phi(t)$는 아래로 볼록하고 $t = 1$에서 극솟값을 갖는다. 따라서 $x_1 = x_0 - \nabla f(x_0) = (0,1)$이고 $f(x_1) = 1$으로 더 작아졌다.

한 번 더 반복하면 $\nabla f(x_1) = (-2,\ 2)$이고 $\phi(t) = f(x_1 - t\nabla f(x_1)) = f(2t, 1-2t)$이다. $\phi'(t) = -\nabla f(2t,\ 1-2t) \cdot (-2,\ 2) = 40t - 8$이다. $\phi(t)'' = 40 > 0$이므로 아래로 볼록하고 $t = \frac{1}{5}$에서 최솟값을 갖는다. 따라서 $x_2 = x_1 - \frac{1}{5}\nabla f(x_1) = \left(\frac{2}{5},\ -\frac{1}{5}\right)$이고 $f(x_2) = \frac{13}{25}$으로 더 작아짐을 알 수 있다.

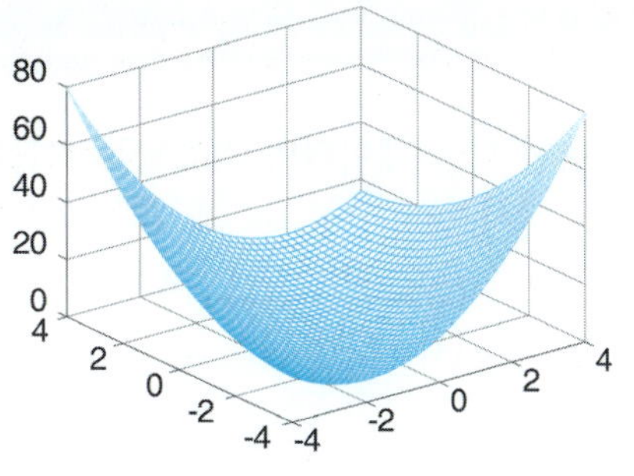

```
>> [x,y]= meshgrid(-4:0.2:4); z = 2*x.^2-2*x.*y+y.^2;
>> mesh(x,y,z);
```

미지수보다 방정식이 많은 연립방정식 $Ax=b$의 해는 일반적으로 없다. 그러나 b에 가장 가까운 Ax가 되는 x는 구할 수 있다. 즉 $\|Ax-b\|_2$가 가장 작은 x를 구하면 된다. 이 최소자를 구하기 위하여 경사하강법을 적용해 보자.

$A \in R^{m \times n}$(단 $n \le m$)이고 $f(x)=b-Ax$라고 하면 $f: R^n \to R^m$인 벡터함수이다. 그러면 $F(x)=\|Ax-b\|_2^2=(b-Ax)^T(b-Ax)$의 최소자 x^*는 $\min_x F(x)$를 만족하는 것이다. 즉 모든 $x \in R^n$에 대하여 $F(x^*) \le F(x)$이다. 기울기벡터와 헤시안 행렬은

$$\nabla F(x)=-2A^T b+2A^T Ax, \quad \nabla^2 F(x)=2A^T A$$

이므로 초기치가 x_0이면 $x_1=x_0-t\nabla F(x_0)$이고 t는 $\phi(t)=F(x_0-t\nabla f(x_0))$을 최소로 하는 양수이다. 따라서 $\phi'(t)=\nabla F(x_0-t\nabla F(x_0))^T(-\nabla F(x_0))=0$이므로

$$t=\frac{\nabla F(x_0)^T \nabla F(x_0)}{\nabla F(x_0)^T H \nabla F(x_0)}$$

이 된다. 여기서 $H=2A^T A$이다. 따라서 입력 A, b, x_0에 대하여 알고리즘은 다음과 같다.

for k=1 : kmax

$$t=\frac{\nabla F(x_0)^T \nabla F(x_0)}{\nabla F(x_0)^T H \nabla F(x_0)};$$

$$x_0=x_0-t\nabla F(x_0);$$

end

최소제곱직선을 구할 때 사용한 다음 데이터의 최소제곱직선을 경사하강법으로 다시 구해 보자.

$$\{(0,\ -1),\ (1,\ 2),\ (1,\ 1),\ (2,\ 4),\ (2,\ 3),\ (3,\ 5),\ (4,\ 4)\}$$

프로그램 6.4

```
gdm_mat.m
function [k, x0] = gdm_mat (A, b, x0, tol, kmax)
b=-2*A'*b; H=2*A'*A;
for k = 1 : kmax
  del = b+H*x0;
  if norm(del)<tol
    return
  else
    t = del'*del/(del'*H*del);
    x0 = x0-t*del;
  end
end
endfunction
실행
>> A = [0 1;1 1; 1 1; 2 1; 2 1; 3 1; 4 1];
>> b = [-1 2 1 4 3 5 4]';
>> x0 = [0; 0]; [iteration, x0] = gdm_mat (A, b, x0, 10^-5, 30)
iteration =  7
x0 =
   1.342105
   0.078947
>> norm(b-A*x0)
ans =  2.4815
>> x0=[1 2]'; norm(b-A*x0) % 다른 벡터를 대입하면 더 큼을 알 수 있다.
ans =  4.3589
```

앞서 구한 최소제곱직선 $y = \frac{3}{38} + \frac{51}{38}x = 0.078947 + 1.342105x$과 같다.

6장 연습문제

01 다음 표는 지하철역과 거리로 살펴본 25평 아파트의 전세 가격표이다. 거리 x에 따른 전세 가격 y에 가장 잘 가까운 직선 $y = a + bx$를 구하고 그래프로 비교하라.

	가	나	다	라	마	바
거리(km)	0.3	0.5	0.7	0.7	0.9	1.0
가격(억원)	2	1.5	2.2	1.4	1.4	1.6

02 3차원 데이터 (x_k, y_k, z_k), $k = 1, 2, \cdots, n$를 가장 잘 나타내는 평면 $z = a + bx + cy$의 계수를 구하는 연립방정식을 만들어라. [힌트] $l = 2$

03 자료 $(x_i, y_i), i = 1, \cdots, n$를 가장 잘 나타내는 다항식 $p(x) = a_0 + a_1 x + \cdots + a_m x^m$의 계수를 구하는 알고리즘을 참고하여 함수문을 작성하라.

04 데이터 $\{(1.0, 1.5), (1.5, 0.4), (1.7, 2.3), (2.5, 2.1), (3.0, 3.0), (3.0, 5.5), (3.5, 7.8)\}$을 가장 잘 나타내는 다항식 $p(x) = a_0 + a_1 x + a_2 x^2 + a_3 x^3$을 위 함수문을 이용하여 구하고 주어진 점과 함께 그래프를 그려라.

05 $F(x) = \|Ax - b\|_2^2 = (b - Ax)^T(b - Ax)$이다. 기울기벡터 $\nabla F(x)$와 헤시안 행렬 H를 구하라.

06 $F(x) = \|Ax - b\|_2^2 = (b - Ax)^T(b - Ax)$이다. $\phi(t) = F(x_0 - t\nabla f(x_0))$의 도함수를 구하라.

07 $F(x) = \|Ax - b\|_2^2 = (b - Ax)^T(b - Ax)$이고 $\phi(t) = F(x_0 - t\nabla f(x_0))$이다. $\phi'(t) = 0$의 해가 다음과 같음을 보여라.

$$t = \frac{\nabla F(x_0)^T \nabla F(x_0)}{\nabla F(x_0)^T H \nabla F(x_0)}$$

7
인공지능

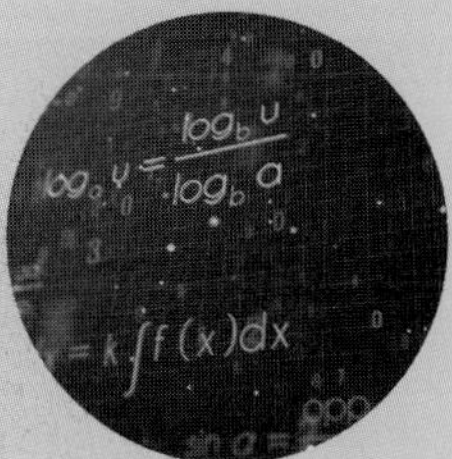

현대의 시대는 알고리즘의 시대라 해도 과언이 아니다. 사회관계망서비스(Social Network Service)를 하다보면 우리도 모르게 우리가 관심을 가진 상품들이 자주 광고로 뜨는 것을 볼 수 있다. 처음에는 이상했고, 무척 신기했고 또한 편리함을 느꼈다. 그러나 곧 우리 정보가 우리도 모르는 사이에 노출된 것에 두려움을 느꼈다. 그럼에도 이젠 너무 익숙해져 우리 정보가 마구 새 나가는 것에 무관심해졌다. 이것이 어떻게 가능한가? 우리가 의식적이든 무의식적이든 자발적으로 재미로 또는 놀이로 SNS에서 선택한 행동 또는 취향에 관련된 데이터를 알고리즘이 무작위로 수집하여 분석하여 보여주는 것이다. 내 얼굴이 곳곳에 깔린 CCTV 카메라를 통해서 누구인지 확인되는 것 역시 알고리즘에 의해서이다. 내가 어떤 범죄자하고 비슷하게 생겼다면 요주의 인물이 되어 감시받게 된다. 면접을 볼 때 나의 모습이나 SNS에서 어떤 글을 썼고 어떤 댓글을 달았는지 등 과거의 행적도 당락에 영향을 미칠 수 있다. 어떻게 알고 어떻게 판단했을까? 무심코 뿌린 우리의 습관이 데이터로 수집되어 관련된 알고리즘에 의해 모두 판별된다. 여기서 옳고 그름은 거의 문제가 되지 않는다. 이러한 알고리즘은 '빅데이터'라고 부르는 엄청난 데이터를 분석하여 예측한다. 엄청난 데이터는 지금도 곳곳에서 수집되고 있다. 이 마지막 단원에서는 인공지능에 관련된 다음과 같은 내용을 다룬다.

알고리즘, 인공지능, 기계학습, 퍼셉트론, 딥러닝

7.1 알고리즘은 무엇인가?

컴퓨터는 전기로 작동되며 전기는 들어오고 나간다. 이 두 가지를 수치화한 것이 2진법이다. 즉 0과 1로만 연산을 하는 것이다. 컴퓨터는 2진법을 엄청 빨리 계산할 수 있는 기계이다. 따라서 컴퓨터에 입력하는 것은 무엇이든지 수치화되어야 한다. 복잡한 수학식도 문서를 읽고 분류하는 것도 모두 사칙연산을 수없이 반복해서 그 해를 구할 수 있게 한다. 즉 알고리즘(algorithm)은 인간이 하고자 하는 일을 컴퓨터가 인식하여 여러 단계의 반복적인 절차를 걸쳐 원하는 결과를 내게 할 수 있는 매우 중요한 도구이다.

좋은 알고리즘은 첫째가 그 정확도에 있다. 둘째는 그 결과를 얻어내는 실행속도에 있고, 셋째는 데이터를 저장하고 계산하는 저장공간의 최소화에 있다. 즉 가능한 적은 저장공간을 이용하여 아주 빠른 시간 안에 매우 정확한 답을 줄 수 있어야 좋은 알고리즘이다. 한 문제에 대한 알고리즘은 그 문제의 배경과 요구에 따라 다양하다. 그러므로 알고리즘의 성격을 명확히 알고 그 알고리즘에 의한 소프트웨어를 사용하여야 한다. "모로 가도 서울만 가면 되는 세상"이 아니라 가장 빨리 가든지, 가장 싸게 가든지 원하는 길을 택해서 가야되는 세상이 되었다.

컴퓨터 하드웨어의 발달로 저장공간은 상대적으로 가격이 떨어져 저장공간이 매우 큰 컴퓨터가 저렴하게 많이 보급되었다. 그 결과 SNS를 통해 들어오는 엄청나게 많은 자료, 즉 빅데이터를 저장하고 처리할 수 있게 되었다. 개인의 예를 들면 홍길동이란 사람의 개인 데이디가 엄청 많아 그것을 분석하면 홍길동의 성향을 알 수 있게 되어 그가 무엇을 원하는지 추측이 충분한 오차 범위로 가능해진다. 이어지는 데이터가 계속 활용되면서 인공지능이라는 알고리즘은 점점 더 그 오차의 범위를 줄일 수 있어 자신의 생각을 거의 정확히 예측하여 우리 자신은 온라인에서 완전히 발가벗겨져 현실세계에서 누군가에 의해 조종되어지는 느낌을 받게 될 것이다.

그뿐만이 아니다. 동영상을 보여주는 유튜브의 출현으로 필요한 여러 정보를 영상으로 획득할 수 있게 되었다. 몇 건을 접속하다 보면 필요한 것만 알아서 제시해주는 것에 놀란 기억이 있다. 이는 개인의 소비 패턴과 누적 기록을 분석하여 개별 취향에 맞는 콘텐츠를 소비하도록 하는 것이다. 이러한 제시가 고맙기도 했지만 이는 자신을 우물 안에 가두는 효과를 발생한다. 자신의 관심 대상 밖의 것을 그만큼 접하기 어렵기 때문이다.

과거의 전통적인 알고리즘은 사람이 미리 정해놓은 것으로 입력을 주면 결과를 주었다. 이것을 규칙에 기반한 알고리즘이라 하여 인간이 사용하는 명령에 대해서만 효과를 발휘했다. 그러나 요즈음 인공지능이란 분야에서 사용하는 인공지능 알고리즘은 다양한 사례들을 살펴보고 패턴을 구별할 수 있도록 통계와 확률의 규칙을 이용해 무엇을 할지 스스로 배운다. 전통적인 알고리즘에 비해 확실성보다는 확률을 더 중시한다. 이것을 경험에 기반한 알고리즘이라 하여 경험을 피드백으로 제공받아 스스로 학습하여 입력을 개선해 더 좋은 결과를 얻는다. 즉 기계가 점점 똑똑해진다. 그래서 인간의 지능에 빗대어 인공지능이라고 한다.

우리는 국가부도사태(IMF)를 맞은 적이 있고 미국도 금융이 붕괴된 적이 있다. 금융은 실질적으로 현금이 오고가는 것이 아니다. 거의 다 디지털로 온라인에서 숫자만 계좌에서 계좌로 움직이는 수조 달러의 흐름이다. 캐시 오닐은 "금융을 숫자라는 악기로 연주하는 음악"이라고 했다. 그 음악이 아름다운 소리를 줄 때는 그것에 취해 기분이 좋았다가 갑자기 시끄러운 소리를 내면 우리는 깜짝 놀란다. 그렇다. 금융이 순리적으로 움직이면 우리는 그 속에서 안전하게 거래를 하며 삶의 질을 높일 수 있다. 그러나 인간의 탐욕이 개입되면 언젠가 불안하게 되고 어느 순간 그 부작용이 터져버린다. 이것이 금융붕괴이다. 우리가 맞은 IMF도, 미국의 서브프라임 모기지 붕괴도 다 그런 것이다.

주택시장이 붕괴되어 금융기관이 파산하고, 그 결과 실업률이 급등하는 등 이러한 재앙에는 바로 그 금융 알고리즘에 개입된 수학자들의 원조와 사주가 있다. 엄청 복잡한 금융수학은 바로 매우 똑똑한 수학자들이 개발한 알고리즘에 의해 돌아간다. 이 알고리즘을 이해하는 사람은 매우 극소수이고 그들은 유혹에 빠질 수 있다. 이러한 알고리즘이 만인에게 공정하게 만들어졌고 오류가 없다면 좋으련만 인간의 작품치고 완전한 것이 있겠는가?

금융붕괴는 시간이 흐르면서 극복할 수 있다, 그러나 만일 알고리즘의 오류로 핵전쟁이 우발적으로 터지면 어찌할 것인가? 1983년 9월 26일 소련의 조기경보 시스템이 적국의 미사일이 날아옴을 감지했을 때 당시 담당자인 페트로프는 이것을 믿지 않고 1초가 급한 상황에서도 기다렸다. 엄청난 긴장 속의 23분이 지나고 오보임이 확인되었다고 한다. 만일 알고리즘이 자동으로 작동했다면 핵전쟁이 일어날 수도 있었던 것이다.

이젠 금융시장의 동향을 분석하던 수학의 기법들이 인간을 분석하는데 쓰이기 시작하며 큰 문제가 발생할 여지가 매우 커졌다. 이름하여 빅데이터 경제이다. 물론 빅데이터 경제는 생활을 편하게 해준다. 그러나 알고리즘에 의한 대다수 모형들은 그것을 만든 인간의 편견이나 오해, 편향성 등이 코드화되어 주입되는데 그들이 성인군자가 아니기 때문이다. 이러한 알고리즘은 잘못된 결정을 내려도 반박이 거의 불가능하며 수정 또한 어렵다. 그 알고리즘을 이해할 수 있는 사람은 매우 드물기 때문이다. 이러한 알고리즘은 사회적 약자와 가난한 사람들을 차별하고 부자는 더욱더 부자로 만들어주는 경향이 있다. 그래서 캐시 오닐은 수학을 "대량살상 무기"라고 했다.

알고리즘은 처음 고안될 때는 좋은 목표를 갖고 출발한다고 본다. 그러나 하다보면 인간의 탐욕이 스며들고 그 결과는 잘못된 길로 점차 들어설 수 있다. 좋은 의도를 갖고 개인들의 신용을 평가하는 점수를 만들었겠으나 고용주들은 각종 청구서를 제때 납부하거나 빚을 제날짜에 갚는 사람은 정시에 출근하고 규칙을 따를 가능성이 더 높다는 추측에서 지원자들의 신용평가점수를 참고할 수 있다. 그 결과 실제로 책임감 있고 유능함에도 각종 생활고로 신용평가점수가 하락한 지원자는 불이익을 받을 수 있다. 즉 신용평가점수가 업무 능력과 관련 있다는 믿음으로 점수가 낮으면 일자리 구하기가 더 어려워져 그 결과 가난한 사람은 더 가난해지고, 이는 다시 점수를 더욱 떨어뜨리는 하향식 악순환이 반복될 수 있고, 고용주 역시 신용평가점수에 초점을 맞추느라 잠재적인 인재를 놓칠 수 있다. 이처럼 알고리즘은 잘못된 결과를 줄 수 있다. 이에 따른 최종 책임은 누가 질 것인가? 프로그램 제작자? 데이터 과학자? 프로그램을 상업에 이용한 자?

사람들은 강렬한 인상을 주기 위해 수학 공식을 의도적으로 이용하며 그 결과를 맹신하는 경향이 있다. 수학의 탈을 쓴 좋지 않은 가정들이 제대로 된 검증 과정을 거치지도 않고 무조건 받아들여진다. 실무자들은 알고리즘의 작동 원리를 잘 모르면서 기계의 판단에 전적으로 의존하여 이 알고리즘이 제시하는 기준에 맞춰 일하고 규칙을 준수하고 평가할 뿐 평가 결과에 대한 의문이나 이의 제기도 매우 어려워진다. 따라서 다양성이 상실되고 알고리즘이 의도하는 대로 인간성이 획일화될 가능성이 높다.

7.2 인공지능과 기계학습

인공지능(Artificial Inteligence)의 역사는 1950년대 초까지 거슬러 올라간다. "컴퓨터가 생각할 수 있는가?"라는 질문으로 시작되어 이에 대한 다양한 의견들이 제시되었다. 프랑소와 숄레는 "보통의 사람이 수행하는 지능적인 작업을 자동화하는 연구 활동", 보덴(Boden)은 "인간이 머리를 써서 해야 할 일을 기계가 하도록 하는 것", 앤드류 무어(Andrew Moore)는 "우리가 생각하는 방식으로 컴퓨터가 행동하도록 만드는 과학 및 공학" 등. 일본의 인공지능 학회에서는 인간의 지능 그 자체를 가지는 기계를 '강한 AI'라 하고, 인간이 지능을 사용해서 하는 일의 일부를 기계에 맡기는 것을 '약한 AI'라고 했다. 한마디로 인공지능은 기계가 잘 구성된 각본에 의해 사람이 시키는 대로 하기보다는 경험을 학습해 사람처럼 스스로 일을 하는 지능적인 일을 할 수 있게 하는 연구분야라 할 수 있다.

처음 이를 제시한 사람은 영국의 수학자 튜링(Allan Turing)이다. 튜링의 테스트 또는 모방 게임(Turing imagination game)은 "기계가 지능을 측정하는 행동 시험을 통과할 수 있는가?" 즉 질문자가 질문에 대한 답변을 보고 답변자가 인간인지 기계인지 구별하지 못한다면 컴퓨터는 이 시험을 통과하는 것으로 보았다. 만일 기계가 이 시험을 통과한다면 기계나 인간의 행동이 구별하기 어려운 결과를 가져온다는 것이다.

영국의 50파운드 화폐 표지 모델이 된 알렌 튜링

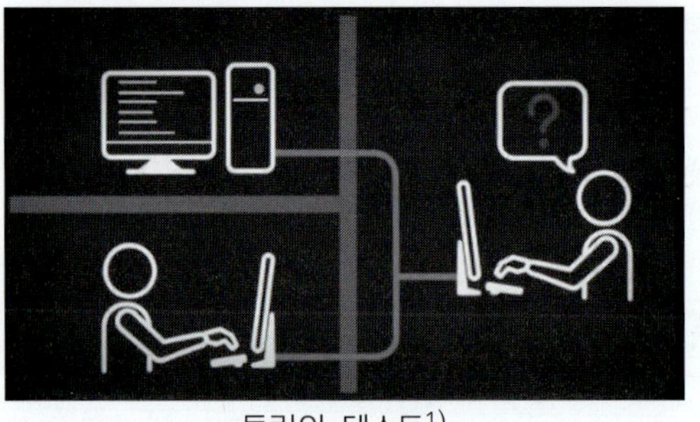

튜링의 테스트[1)]

1980년대까지 학습과정이 없이 전통적인 프로그래밍 규칙에 의해서 처리되는 코딩을 하다 1980년대에 전문가 시스템(expert system)으로 호황을 누렸으며 명확한 규칙을 찾기 어려운 곳에 새로운 방법으로 기계학습이 등장하며 다시 재조명 받게 되었다.

기계학습(Machine Learning)은 인공지능의 한 분야로 "컴퓨터를 인간처럼 학습시켜 스스로 규칙을 만들 수 있도록 하는 알고리즘과 기술을 개발하는 분야"라고 말한다. 지금까지는 인간이 시키는 대로 했으나 이제는 학습하여 스스로 만들 수 있다는 것이다. 무엇을 통해 학습하는가? 이는 바로 방대한 데이터이다. 1959년 사무엘(Samuel)은 "기계가 일일이 코드로 명시하지 않은 동작을 데이터로부터 학습하여 실행할 수 있도록 하는 알고리즘을 개발하는 연구 분야"라고 했으며, 미첼은 기계학습을 "컴퓨터 프로그램이 경험을 통해 자동으로 개선될 수 있도록 하는 알고리즘에 대한 연구"라고 했다. 즉 컴퓨터가 경험을 통한 학습으로 스스로 변수를 만들어 제공하는 것으로 기계학습은 프로그래밍이 되는 것이라기보다는 훈련되어지는 것으로 많은 데이터를 제공하면 통계적인 구조를 찾아 작업을 자동화 할 수 있는

1) EBS, 소프트웨어 세상 4회 인공지능. [https://www.ebs.co.kr/tv/show?lectId=10363385.]

규칙을 만드는 것이다. 전통적인 알고리즘은 규칙과 데이터를 제공하면 답을 내 놓으나, 기계학습은 데이터와 알고 있는 답(답이 없는 경우도 있음)을 '학습 데이터'와 '시험용 데이터'로 구분하여 규칙을 만들어 확률로 답을 한다. 이는 1990년대에 들어와 고성능의 하드웨어로 처리속도가 빨라지고 폭발적으로 늘어난 대량의 데이터 공급이 저렴한 클라우드 서비스로 가능해지며 각광을 받게 되었다.

전통적인 프로그래밍은 규칙을 주고 여기에 데이터를 주면 결과가 나온다. 예를 들면 연립방정식의 해를 구하는 문제에서 방정식을 구성하는 계수를 입력하여 알고리즘을 실행하면 답이 나오는 것처럼 많은 수학문제가 다 입력을 주고 결과를 받는다. 그러나 기계학습에서는 조금 다르다. 예를 들어 데이터가 있고 이 데이터에 가중치를 곱해서 입력을 한다고 하자. 전통적인 프로그램은 데이터와 가중치를 사람이 정해서 입력하면 그 결과를 기계가 내놓으나, 기계학습은 답이 있는 샘플을 통한 학습으로 좀 더 나은 가중치를 스스로 계산해 입력한다. 이 과정을 훈련한다(training)고 한다. 즉 많은 데이터를 제공하면 여기에서 규칙을 찾아 자동화할 수 있다.

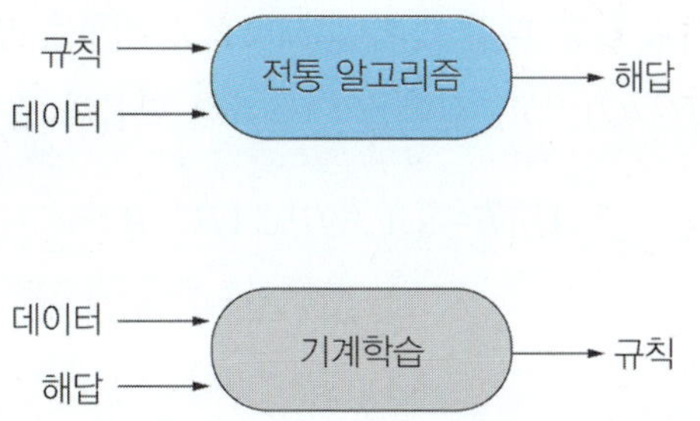

컴퓨터는 수의 계산처럼 사람이 어려워하는 일을 아주 쉽게 하는 반면, 패턴을 인식하는 것처럼 사람이 쉽게 할 수 있는 일을 어려워한다. 예를 들면 컴퓨터는 수학적인 계산은 잘 하지만 사람이 쉽게 알 수 있는 개와 고양이를 구별하는 패턴 인식은 잘 하지 못한다. 사물의 특징을 잘 설명한다는 것이 사실이기도 하지만 동시에 거짓이 될 수도 있기 때문에 지식기반으로 사물의 특징의 패턴을 인식시키는 것에는 한계가 있다. 따라서 기계학습은 얼굴 인식이라든가 글씨체의 인식 그리고 문서 분류나 영상 분류 등 여러 패턴을 인식하는 분야에서 수많은 데이터를 이용하여 스스로 학습하며 높은 성능을 보장하는 프로그램을 자동으로 만든다.

따라서 기계학습에서는 '입력 데이터', '기대 출력', '알고리즘 성능 측정'이 필수적으로 필요하다.

7.3 퍼셉트론과 딥러닝

주어진 데이터를 특징에 따라 분류하고자 한다. 가장 기초적인 논리합과 논리곱 그리고 배타적 논리합의 선형분리가 가능한지 살펴본다. 참을 1, 거짓을 0으로 표현하였을 때 논리합(OR, $\vee$)과 논리곱(AND, $\wedge$) 그리고 배타적 논리합(XOR, $\veebar$)은 다음과 같다.

x	y	OR	AND	XOR
1	1	1	1	0
1	0	1	0	1
0	1	1	0	1
0	0	0	0	0

즉 배타적 논리합은 서로 다를 때만 참이나 배타적 논리합을 명제를 이용하여 표현하면 $P \veebar Q = (P \vee Q) \wedge \sim (P \wedge Q)$이고, 집합을 이용하면 다음과 같이 나타낼 수 있다.

$$\begin{aligned} A \oplus B &= (A \setminus B) \cup (B \setminus A) \\ &= (A \cap B^c) \cup (B \cap A^c) \\ &= (A \cup B) \cap (A \cap B)^c \end{aligned}$$

P	Q	$P \vee Q$	$\sim (P \wedge Q)$	$P \veebar Q$
1	1	1	0	0
1	0	1	1	1
0	1	1	1	1
0	0	0	1	0

퍼셉트론(perceptron)은 입력 데이터를 두 개의 부류 중 하나로 분류하는 분류기(classifier)로 다음 그림과 같이 입력층과 출력층이 있는 단순한 구조이다. 여기서 입력층은 말 그대로 입력만 하므로 실질적인 층은 출력층 하나만 있으므로 1층이나 다름없다.

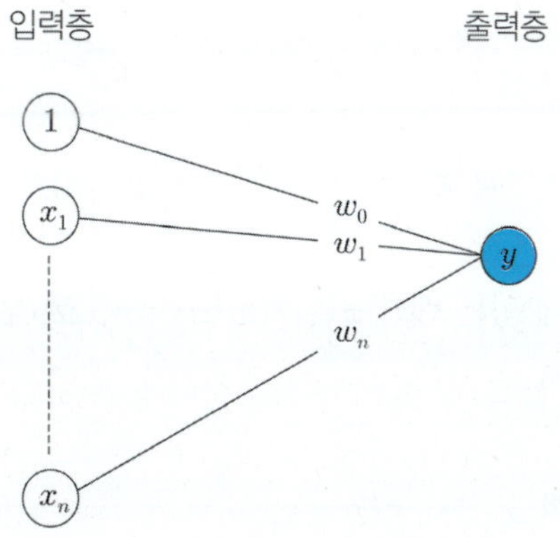

여기서 x_i들을 노드(nod)라 하며 x_0를 포함해 모두 $n+1$개가 있다. 이 노드에 가중치(weight) w_i를 곱하면

$$s = w_0 + w_1 x_1 + \cdots + w_n x_n$$

으로 이 값은 w_i의 값에 따라 달라진다. 노드와 가중치를 벡터 $\boldsymbol{x} = (1,\ x_1,\ \cdots,\ x_n)^T$와 $\boldsymbol{w} = (w_0,\ w_1,\ \cdots,\ w_n)^T$으로 나타내면

$$s = \boldsymbol{w}^T \boldsymbol{x} = w_0 + \sum_{i=1}^{n} w_i x_i$$

이다. w_0는 w_0을 제외한 다른 가중치가 모두 0일 때 기본으로 출력되는 값으로 가중치는 0부터 벗어난 정도를 나타낸다. 활성함수 중 하나인 계단함수를 이용하여 출력을

$$y = \tau(s) = \begin{cases} 1, & s \geq T \\ -1, & s < T \end{cases}$$

으로 하면 주어진 데이터의 출력은 가중치의 값에 따라 1 또는 -1로 분리된다. 따라서 데이터를 두 분류로 나눌 수 있다.

여기서 분류기 $y = \tau(s)$에서 $s = T$, 즉 $\boldsymbol{w}^T \boldsymbol{x} = T$는 $w = \begin{pmatrix} w_1 \\ w_2 \end{pmatrix}$에 수직이다. 예를 들어, $\boldsymbol{w} = \begin{pmatrix} 2 \\ 1 \end{pmatrix}$이고 $T = 2$이라고 하자. 그러면 $\boldsymbol{w}^T \boldsymbol{x} = T$는 $2x_1 + x_2 = 2$로 이 직선은 $\boldsymbol{w}$와 수직으로 만난다.

$\boldsymbol{x} = \begin{pmatrix} x_1 \\ x_2 \end{pmatrix} = \begin{pmatrix} 1 \\ 2 \end{pmatrix}$이면 $s = \boldsymbol{w}^T \boldsymbol{x} = 4 > T$이므로 $y = \tau(4) = 1$이다.

$$\boldsymbol{x}=\begin{pmatrix} x_1 \\ x_2 \end{pmatrix}=\begin{pmatrix} -1 \\ 4 \end{pmatrix}\text{이면 } s=\boldsymbol{w}^T\boldsymbol{x}=2=T\text{이므로 } y=\tau(2)=1\text{이다.}$$

$$\boldsymbol{x}=\begin{pmatrix} x_1 \\ x_2 \end{pmatrix}=\begin{pmatrix} -2 \\ 1 \end{pmatrix}\text{이면 } s=\boldsymbol{w}^T\boldsymbol{x}=-3<T\text{이므로 } y=\tau(-3)=-1$$

따라서 직선 $\boldsymbol{w}^T\boldsymbol{x}=T$ 아래에 있는 벡터 $\boldsymbol{x}$는 $\tau(\boldsymbol{w}^T\boldsymbol{x})=-1$로, 위에 있는 $\boldsymbol{x}$는 $\tau(\boldsymbol{w}^T\boldsymbol{x})=1$로 분류된다.

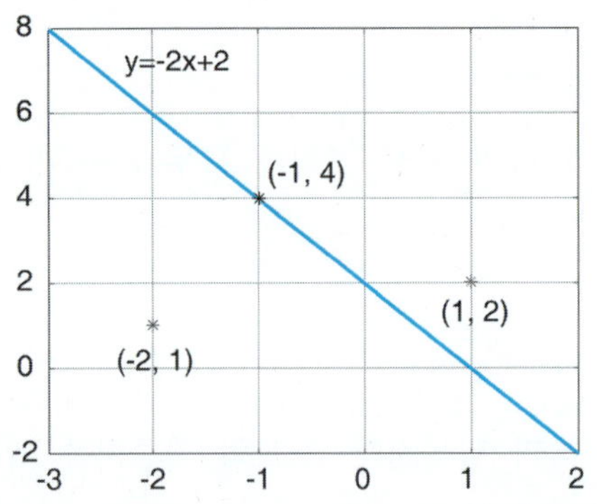


```
>> x=linspace(-3, 2); y=-2*x+2;
>> plot(x,y)
>> hold on
>> plot(1,2, '*', -1,4, '*', -2, 1, '*')
% 좌표 등 문자는 Figure1의 'Insert Text'를 클릭한 후 원하는 위치에서 원하는 크기로
```

퍼셉트론에서 입력은 노드 x_i들이고 여기에 가중치 w_i를 곱하여 합한 s에 대한 활성함수의 값 y가 출력이 된다. 따라서 층이 하나인 단층 퍼셉트론이다. 이 가중치를 인위적으로 제공하면 전통적인 프로그램이고 기계가 학습을 통해서 결정하면 새로운 프로그램인 기계학습, 즉 머신러닝이 된다. 즉 기계학습은 특징벡터 $\boldsymbol{x}$와 분류정보 $\boldsymbol{y}$가 주어졌을 때 샘플을 제대로 분류하는 가중치 $\boldsymbol{w}$를 구하는 것이다.

다음 예는『기계학습』139쪽에 제시된 것으로 이를 보다 쉽게 설명하면 다음과 같다. 학습 샘플 $X=\{x_1, x_2, x_3, x_4\}$와 $Y=\{y_1, y_2, y_3, y_4\}$가 있고, y_k는 $\boldsymbol{x}_k$에 대응하는 특징이다. 평면 위의 네 점 데이터 $x_1=\begin{pmatrix} 0 \\ 0 \end{pmatrix}$, $x_2=\begin{pmatrix} 1 \\ 0 \end{pmatrix}$, $x_3=\begin{pmatrix} 0 \\ 1 \end{pmatrix}$, $x_4=\begin{pmatrix} 1 \\ 1 \end{pmatrix}$과 이에 대응하는 특징 $y_1=-1$, $y_2=y_3=y_4=1$이라고 하자. 이 데이터를 y_k 값에 따른 두 개로 분류하고자

한다. 즉 x_1과 x_2, x_3, x_4로 분류하려는 것이다. 즉 OR 분류이다. 데이터를 구성하는 성분이 둘($n=2$)이므로 가중치 $w_1=(-0.5,\ 1,\ 1)$가 잘 분류하는지 살펴보자. 왼쪽 그림은 훈련집합이고, 오른쪽 그림은 퍼셉트론이다.

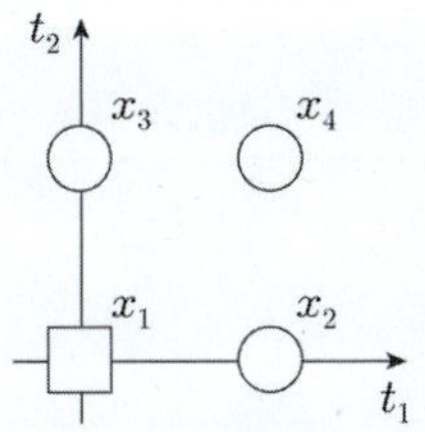

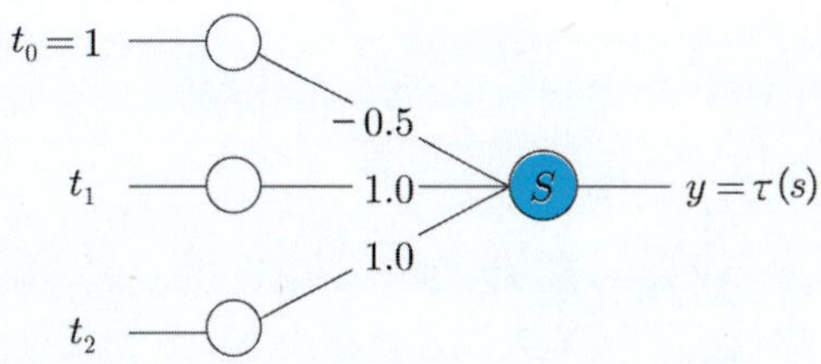

첫 성분에 1을 첨가한 각 데이터 $\boldsymbol{x}_1=\begin{pmatrix}1\\0\\0\end{pmatrix}$, $\boldsymbol{x}_2=\begin{pmatrix}1\\1\\0\end{pmatrix}$, $\boldsymbol{x}_3=\begin{pmatrix}1\\0\\1\end{pmatrix}$, $\boldsymbol{x}_4=\begin{pmatrix}1\\1\\1\end{pmatrix}$에 대한 가중치 w_1과의 곱의 합 s는

$$\boldsymbol{w}_1^T\boldsymbol{x}_1=-0.5,\ \ \boldsymbol{w}_1^T\boldsymbol{x}_2=\boldsymbol{w}_1^T\boldsymbol{x}_3=\boldsymbol{w}_1^T\boldsymbol{x}_4=0.5$$

이다. 따라서 활성함수로 계단함수를 사용하면 출력 $y=\tau(s)$는 각각 -1, 1, 1, 1로 100% 완벽하게 맞추어 잘 분류가 되었다.

위에서 $s=-0.5+t_1+t_2$는 t_1과 t_2에 대한 함수로 $\boldsymbol{x}_1$에 대한 출력은 -1이고, $\boldsymbol{x}_2$, $\boldsymbol{x}_3$, $\boldsymbol{x}_4$에 대한 출력은 1이다. 따라서 $s=0$, 즉 $t_1+t_2-0.5=0$은 두 종류의 데이터를 나누는 기준이 된다. 이 직선은 선형이므로 이 분리는 선형분리이다. 정확하게 분류하는 가중치가 이 외에도 많이 있다. 만일 오차가 있어 정확성이 떨어지면 학습을 통한 피드백으로 가중치를 개선할 수 있다.

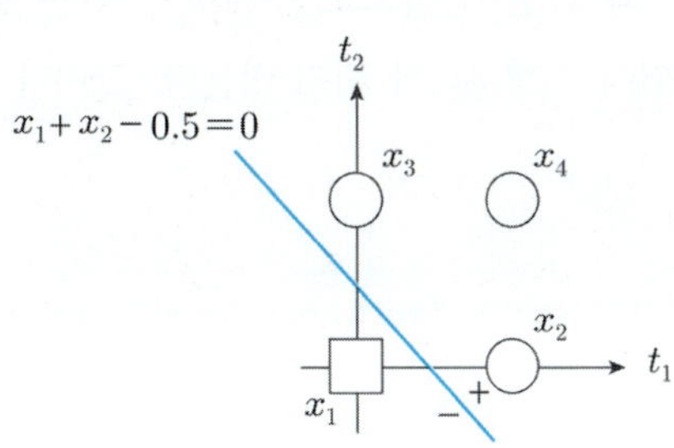

이처럼 평면을 두 개의 영역으로 나누는 직선 $w_0+w_1t_1+w_2t_2=0$을 결정직선(decision line)이라 한다. 공간을 두 개의 영역으로 나누는 경계를 결정 경계(decision boundary)라 하며 일반적으로 다음과 같이 나타난다.

$$w_0 + w_1 t_1 + \cdots + w_n t_n = 0$$

이는 일차 즉 선형으로 이들은 선형분류기(linear classifier)이다. 그래서 선형분리라고 한다.

위에 제시한 예는 x_1, x_2 둘 중 하나가 1이면 참이 되는 OR 분류 문제라 보면, x_1, x_2 둘 다 1이어야 참이 되는 AND 분류 문제는 다음과 같고 같은 방법으로 선형분리 할 수 있다.

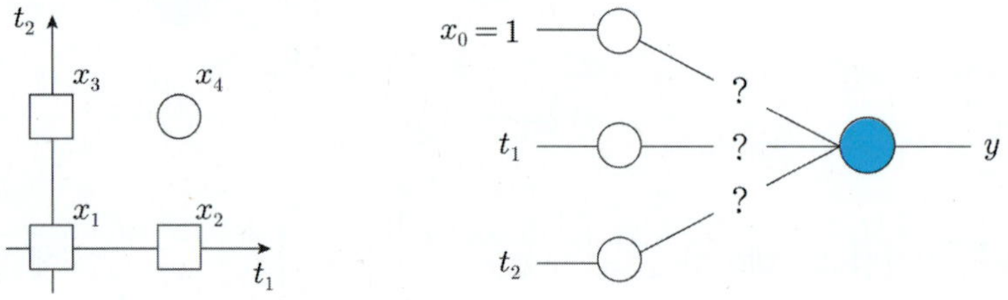

그러면 다음과 같은 XOR의 문제는 선형분리가 가능할까? 이를 그림으로 나타내면 다음과 같다.

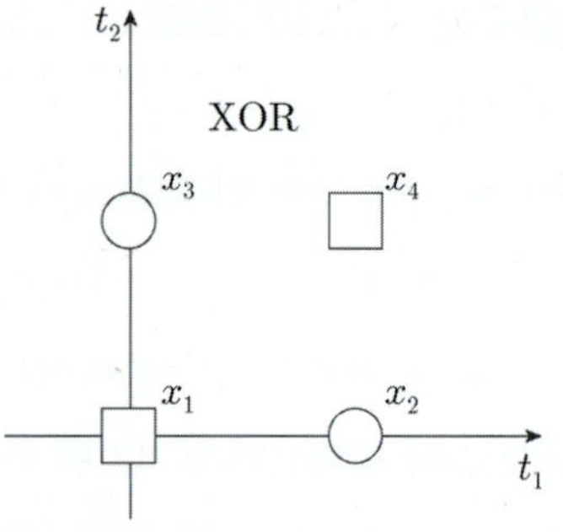

위와 같은 데이터는 언뜻 봐도 한 직선으로 분리하는 것은 불가능하다. 어떻게 나누든 원과 사각형을 분리할 수 없어서 선형분리가 되지 않는다. 그러나 퍼셉트론을 두 번에 걸치면 분리할 수 있다.

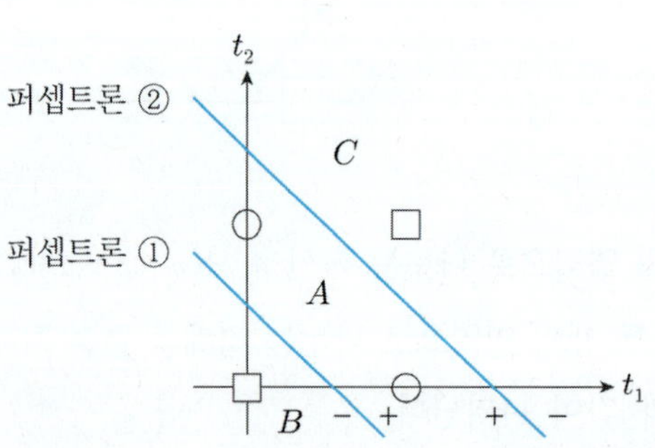

두 개의 퍼셉트론은 다음과 같다.

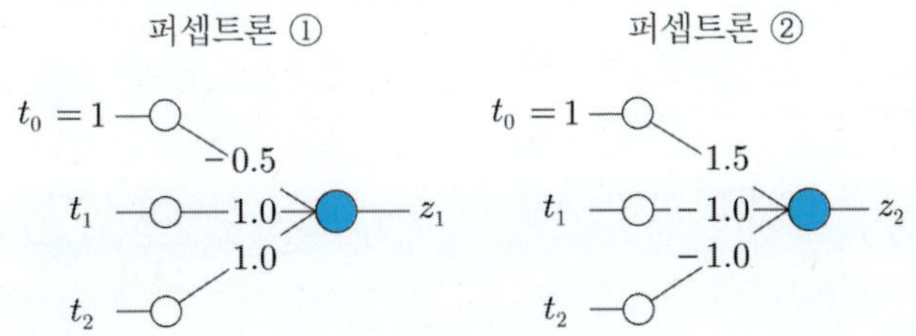

$w_2 = \begin{pmatrix} 1.5 \\ -1 \\ -1 \end{pmatrix}$라 하면 각 데이터 $\boldsymbol{x}_1 = \begin{pmatrix} 1 \\ 0 \\ 0 \end{pmatrix}$, $\boldsymbol{x}_2 = \begin{pmatrix} 1 \\ 1 \\ 0 \end{pmatrix}$, $\boldsymbol{x}_3 = \begin{pmatrix} 1 \\ 0 \\ 1 \end{pmatrix}$, $\boldsymbol{x}_4 = \begin{pmatrix} 1 \\ 1 \\ 1 \end{pmatrix}$에 대한 가중치 곱의 합은

$$\boldsymbol{w}_2^T \boldsymbol{x}_1 = 1.5,\ \boldsymbol{w}_2^T \boldsymbol{x}_2 = \boldsymbol{w}_2^T \boldsymbol{x}_3 = 0.5,\ \boldsymbol{w}_2^T \boldsymbol{x}_4 = -0.5$$

이고, 따라서 출력 $y = \tau(s)$는 각각 1, 1, 1, -1이다. 그러므로 두 가중치 w_1과 w_2에 의해서 네 점 x_1, x_2, x_3, x_4은 아래와 같은 세 점으로 변환된다.

$$x_1 \rightarrow \begin{pmatrix} -1 \\ 1 \end{pmatrix},\ x_2\text{와 } x_3 \rightarrow \begin{pmatrix} 1 \\ 1 \end{pmatrix},\ x_4 \rightarrow \begin{pmatrix} 1 \\ -1 \end{pmatrix}$$

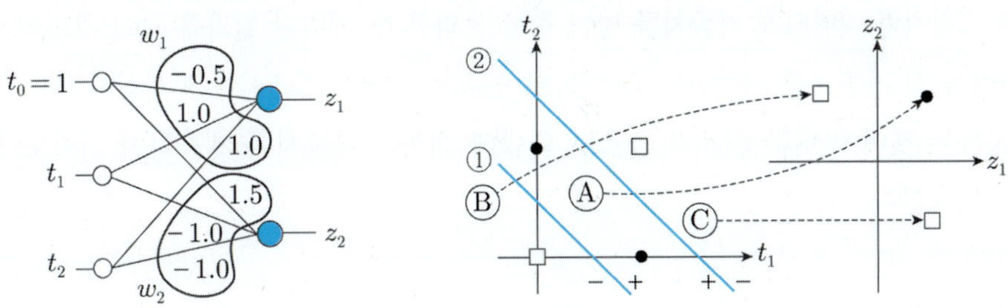

이 세 점은 선형분리 할 수 있다. 변환된 데이터 $\boldsymbol{z}_1 = \begin{pmatrix} 1 \\ -1 \\ 1 \end{pmatrix}$, $\boldsymbol{z}_2 = \begin{pmatrix} 1 \\ 1 \\ 1 \end{pmatrix}$, $\boldsymbol{z}_3 = \begin{pmatrix} 1 \\ 1 \\ -1 \end{pmatrix}$에 가중치 $w_3 = (-1, 1, 1)$을 적용하면

$$\boldsymbol{w}_3^T \boldsymbol{z}_1 = \boldsymbol{w}_3^T \boldsymbol{z}_3 = -1,\ \boldsymbol{w}_3^T \boldsymbol{z}_2 = 1$$

이 되어 z_2와 z_1, z_3로 분류되었다. 결과적으로 x_2와 x_3, 그리고 x_1과 x_4로 잘 분리되었음을 알 수 있다.

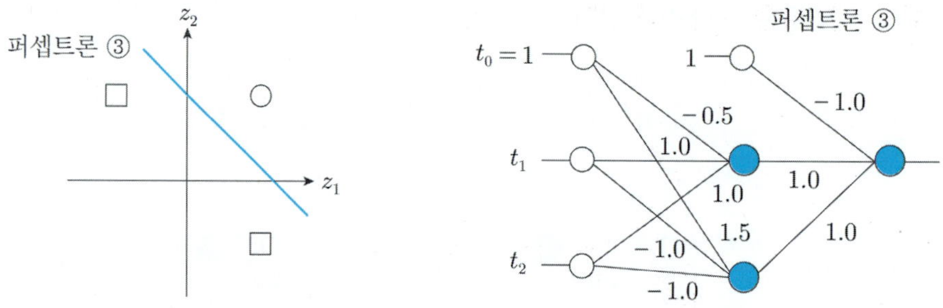

이는 퍼셉트론 3개가 결합된 이층 퍼셉트론이다. 이와 같은 논리로 층을 늘릴 수가 있다. 이러한 퍼셉트론을 다층 퍼셉트론이라고 한다.

퍼셉트론에서는 가중치에 따라 주어진 데이터가 분류될 수 있었다. 이 가중치를 기계가 스스로 학습하여 만들어내는 것을 기계학습이라고 하였다. 즉 답이 있는 학습데이터를 제공하여 가중치를 만들고 이 가중치로 테스트하여 오차가 발생하면 다시 조정해 피드백하여 다시 가중치를 개선한다.

딥러닝은 사람의 뇌를 흉내 낸 인공신경망을 몇 개의 층으로 분리해서 학습하는 기계학습의 한 방법으로 연속된 층에서 학습을 통해 가중치를 찾는 것을 의미한다. 출력이 기대한 것에서 얼마나 벗어났는지를 측정해 이 측정치를 피드백하여 현재 샘플의 손실이 감소되는 방향으로 가중치를 조금씩 수정하는 방법이다.

아래 그림처럼 데이터에 가중치를 넣어 층을 통과한 후 예측된 결과와 참인 결과의 차이를 고려하여 다시 가중치를 개선하는 과정을 보여준다. 이처럼 기계학습은 사람이 직접 가중치를 제공하는 것이 아니라 기계가 스스로 학습해 개선된 가중치를 제공하여 정확도가 높은 결과를 제공한다.

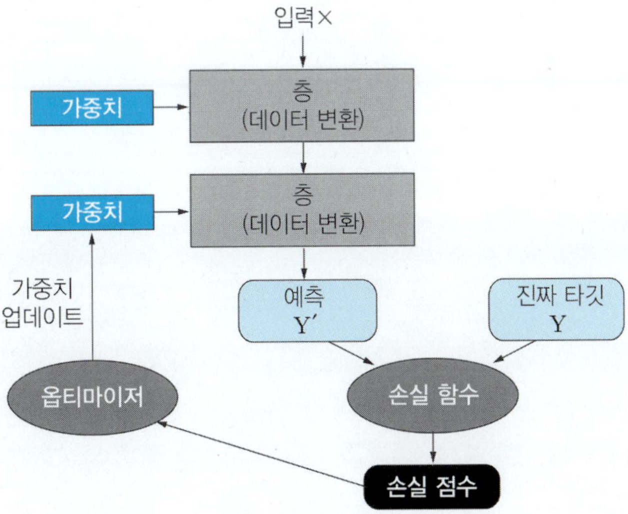

2)

한마디로 인공지능 알고리즘은 수많은 실험 결과를 분석하여 왜 그렇게 나오는지 규칙을 만드는 것이라 볼 수 있다. 예를 들면, 주사위를 수없이 많이 던져보고 그 확률을 계산해 본 결과 각 숫자가 나올 확률은 모두 $\frac{1}{6}$에 가까운 것을 확인하고 각 숫자가 나올 확률은 $\frac{1}{6}$이라는 결과를 만드는 것이며, 동전을 수없이 많이 던져 앞면이나 뒷면이 나올 확률이 $\frac{1}{2}$에 가까운 것을 확인하고 앞면이나 뒷면이 나올 확률은 $\frac{1}{2}$이라 단정하는 것이다. 이것을 통계학에서는 대수의 법칙이라고 한다. 또한 직삼각형에 있어서 빗변의 제곱이 밑변의 제곱 더하기 높이의 제곱이라는 수많은 사례를 보고 추측하여 피타고라스 정리인 '밑변의 제곱 + 높이의 제곱은 빗변의 제곱'을 만들어내는 것과 같다. 그래서 수많은 데이터가 필요하다. 방대하고 진실한 데이터가 뒷받침하지 않는 한 인공지능은 의미가 없다.

2) 프랑소와 숄레, 2019: 《케라스 창시자에게 배우는 딥러닝》, 37쪽

옥타브로 배우는 인공지능을 위한 기초수학

연습문제 해답

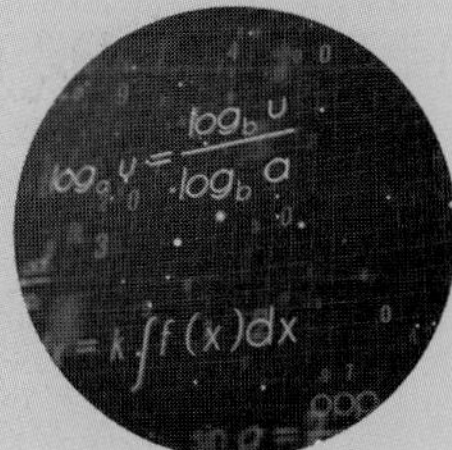

2장 연습문제 해답

01. (1) 하나 (2) 많음 (3) 없음

02. (1) $\begin{pmatrix} 1 & 0 & 0 & 1 \\ 0 & 1 & 0 & 2 \\ 0 & 0 & 1 & 1 \end{pmatrix}$ 하나 (2) $\begin{pmatrix} 1 & 0 & 2.5 & 0 \\ 0 & 1 & -0.5 & 0 \\ 0 & 0 & 0 & 1 \end{pmatrix}$ 없음

(3) $\begin{pmatrix} 1 & 0 & -0.08 & 1.15 \\ 0 & 1 & -0.38 & -0.23 \\ 0 & 0 & 0 & 0 \end{pmatrix}$ 많음

03. (1) $\begin{pmatrix} 5 & -2 & -3 & 2 \\ -2 & 13 & 13 & 0 \end{pmatrix}$ (2) $\begin{pmatrix} 3 & -14 & 11 & -2 \\ 2 & -5 & 11 & -16 \end{pmatrix}$ (3) $\begin{pmatrix} 7 & 26 & -33 & 10 \\ -10 & 47 & 11 & 36 \end{pmatrix}$

(4) $\begin{pmatrix} -2 & 17 & 3 & 10 \\ 1 & 9 & -4 & 5 \end{pmatrix}$ (5) $\begin{pmatrix} -1 & -4 & 29 & -15 \\ 7 & -21 & 4 & -13 \end{pmatrix}$ (6) $\begin{pmatrix} -3 & 35 & 16 & 14 \\ 4 & 15 & -3 & 8 \end{pmatrix}$

(7) $\begin{pmatrix} -1 & 2 \\ -12 & 11 \\ 1 & -7 \\ 7 & 6 \end{pmatrix}$ (8) $\begin{pmatrix} 1 & 8 \\ 12 & 1 \\ 15 & 5 \\ -1 & 2 \end{pmatrix}$ (6) $\begin{pmatrix} -1 & 24 & 9 & 10 \\ 7 & 17 & -8 & 10 \end{pmatrix}$

04. (1) $\begin{pmatrix} 0.5 & -0.5 \\ 0.5 & 0.5 \end{pmatrix}$ (2) $\begin{pmatrix} 0.12 & 0.16 \\ -0.16 & 0.12 \end{pmatrix}$ (3) $\begin{pmatrix} \cos x & \sin x \\ -\sin x & \cos x \end{pmatrix}$

05. (1) $\begin{pmatrix} 0 \\ 1 \end{pmatrix}$ (2) $\begin{pmatrix} 0.28 \\ -0.04 \end{pmatrix}$ (3) $\begin{pmatrix} \cos x + \sin x \\ -\sin x + \cos x \end{pmatrix}$

07. (1) 0 (2) 5 (3) 0 (4) 2 (5) 8

08. 임의의 $\alpha, \beta \in R$에 대하여

(1) $\alpha\begin{pmatrix} 1 \\ 2 \end{pmatrix} + \beta\begin{pmatrix} -2 \\ 1 \end{pmatrix}$ (2) $\alpha\begin{pmatrix} 4 \\ 3 \end{pmatrix} + \beta\begin{pmatrix} -2 \\ 1 \end{pmatrix}$ (3) $\alpha\begin{pmatrix} 3 \\ 4 \end{pmatrix} + \beta\begin{pmatrix} -4 \\ 3 \end{pmatrix}$

(4) $\alpha\begin{pmatrix} 1 \\ 2 \end{pmatrix}$ (5) $\alpha\begin{pmatrix} 4 \\ 3 \end{pmatrix}$ (6) $\alpha\begin{pmatrix} 3 \\ -4 \end{pmatrix}$

09. (1) $\begin{pmatrix} 0 \\ 0 \end{pmatrix}$, 일차독립 (2) $\begin{pmatrix} 0 \\ 0 \end{pmatrix}$, 일차독립 (3) $\begin{pmatrix} 0 \\ 0 \end{pmatrix}$, 일차독립

(4) $\alpha\begin{pmatrix} 2 \\ 1 \end{pmatrix}$, 일차종속 (5) $\alpha\begin{pmatrix} -2 \\ 1 \end{pmatrix}$, 일차종속 (6) $\alpha\begin{pmatrix} 3 \\ 1 \end{pmatrix}$, 일차종속

10. (1) 정칙 (2) 정칙 (3) 정칙

(4) 아님 (5) 아님 (6) 아님

11. (1) $3, \sqrt{5}, 2$ (2) $7, 5, 4$ (3) $17, 13, 12$

(4) $6, \sqrt{14}, 3$ (5) $10, \sqrt{30}, 4$ (6) $8, \sqrt{18}, 3$

12. (1) 직각 (2) 둔각 (3) 예각

13. 생략

14. (1) 아님 (2) 직교 (3) 직교

15. (1) $x=2,\ y=-1$ (2) $x=-1,\ y=1$ (3) $x=1,\ y=0,\ z=1$

(4) $x=1,\ y=2,\ z=2$ (5) $x=1,\ y=0,\ z=0$ (6) $x=0,\ y=1,\ z=1$

16. (1) -5 (2) -1 (3) 17

(4) 8 (5) -8 (6) 2

17. (1) 8 (2) -8 (3) 2

(4) -5 (5) 16 (6) -18

18. (1) $2,\ \begin{pmatrix}-2\\1\end{pmatrix},\ 3,\ \begin{pmatrix}1\\-1\end{pmatrix}$ (2) $0,\ \begin{pmatrix}2\\1\end{pmatrix},\ 5,\ \begin{pmatrix}1\\-2\end{pmatrix}$ (3) $0,\ \begin{pmatrix}-1\\1\end{pmatrix},\ 2,\ \begin{pmatrix}1\\1\end{pmatrix}$

(4) $2,\ \begin{pmatrix}-1\\1\end{pmatrix}$ (5) $1\pm i,\ \begin{pmatrix}1\\\mp i\end{pmatrix}$ (6) $\pm 2i,\ \begin{pmatrix}1\pm i\\-1\end{pmatrix}$

(7) $1,\ \begin{pmatrix}0\\1\\1\end{pmatrix},\ 3,\ \begin{pmatrix}2\\1\\-1\end{pmatrix},\ 6,\ \begin{pmatrix}1\\-1\\1\end{pmatrix}$ (8) $0,\ \begin{pmatrix}1\\-3\\1\end{pmatrix},\ 1,\ \begin{pmatrix}1\\2\\-1\end{pmatrix},\ 5,\ \begin{pmatrix}1\\2\\1\end{pmatrix}$

(9) $-5,\ \begin{pmatrix}1\\-2\\0\end{pmatrix},\ 2\pm\sqrt{2}\,i$

19. (1) 선형변환 (2) $\det(A)+\det(B)\neq\det(A+B)$. 아님

(3) 선형변환

20. (1) 벡터공간 (2) 영벡터가 없어 아님 (3) 벡터공간

(4) 영벡터가 없어 아님 (5) 벡터공간 (6) 벡터공간

21. (1) $w=\dfrac{1}{\sqrt5}\begin{pmatrix}1\\2\end{pmatrix},\ v^Tw=\dfrac{4}{\sqrt5},\ T(v)=(v^Tw)w=\dfrac{4}{5}\begin{pmatrix}1\\2\end{pmatrix}$

(2) $w_1=\dfrac{1}{\sqrt2}\begin{pmatrix}1\\1\\0\end{pmatrix},\ w_2=\dfrac{1}{\sqrt2}\begin{pmatrix}0\\1\\1\end{pmatrix},\ v^Tw_1=\dfrac{2}{\sqrt2},\ v^Tw_2=\dfrac{2}{\sqrt2}$

$$T(v)=(v^Tw_1)w_1+(v^Tw_2)w_2=\begin{pmatrix}1\\1\\0\end{pmatrix}+\begin{pmatrix}0\\1\\1\end{pmatrix}=\begin{pmatrix}1\\2\\1\end{pmatrix}$$

(3) $w_1=\begin{pmatrix}1\\0\\0\end{pmatrix},\ w_2=\dfrac{1}{\sqrt2}\begin{pmatrix}0\\1\\1\end{pmatrix},\ v^Tw_1=2,\ v^Tw_2=\sqrt2$

$$T(v)=(v^Tw_1)w_1+(v^Tw_2)w_2=2\begin{pmatrix}1\\0\\0\end{pmatrix}+\begin{pmatrix}0\\1\\1\end{pmatrix}=\begin{pmatrix}2\\1\\1\end{pmatrix}$$

(4) $w_1=\dfrac{1}{\sqrt6}\begin{pmatrix}1\\0\\1\\2\end{pmatrix},\ w_2=\dfrac{1}{3}\begin{pmatrix}2\\1\\0\\2\end{pmatrix},\ v=\begin{pmatrix}1\\-1\\0\\1\end{pmatrix}v^Tw_1=\dfrac{3}{\sqrt6},\ v^Tw_2=1$

$$T(v)=(v^Tw_1)w_1+(v^Tw_2)w_2=\frac{1}{2}\begin{pmatrix}1\\0\\1\\2\end{pmatrix}+\frac{1}{3}\begin{pmatrix}2\\1\\0\\2\end{pmatrix}=\frac{1}{6}\begin{pmatrix}7\\2\\3\\10\end{pmatrix}$$

3장 연습문제 해답

01. (1) $y=-\frac{1}{3}x+\frac{5}{3}$ (2) $y=-\frac{3}{2}x+3$ (3) $y=5x-11$

(4) $y=-2x+10$ (5) $y=3x-5$ (6) $y=7$

02. (1) 8 (2) 3 (3) $\sqrt{2}$

(4) $x=\sqrt{2}$ (5) $x=\frac{1}{2},\ 2$ (6) $x=9999$

03. (1) $\frac{1}{12}\pi$ (2) $\frac{2}{3}\pi$ (3) $-\frac{3}{2}\pi$

(4) -540 (5) 225 (6) 420

04. (1) 피타고라스 정리 이용 (2) (1)을 $\cos^2\theta$로 나눔

(3) $\sin(x+y)=\sin x\cos y+\cos x\sin y$ 이용

05. (1) $2\sin\left(x-\frac{\pi}{6}\right)$ (2) $\sqrt{2}\sin\left(x+\frac{\pi}{4}\right)$ (3) $2\sin\left(x+\frac{\pi}{3}\right)$

06. (1) $a_n=3n-1,\ 15050$ (2) $a_n=11-2n,\ -9000$

(3) $a_n=5n-8,\ 24450$

07. (1) $a_n=\left(\frac{1}{2}\right)^{n-1},\ 2\left(1-\frac{1}{2^{10}}\right)$ (2) $a_n=\left(-\frac{2}{3}\right)^{n-1},\ \frac{3}{5}\left(1-\left(\frac{2}{3}\right)^{10}\right)$

(3) $a_n=2^n,\ 2(2^{10}-1)$

08. (1) $x=1,\ y-3=\frac{z-2}{2}$ (2) $x+2=\frac{y-3}{2}=\frac{z-1}{3}$

(3) $x+2=\frac{y-3}{2}=\frac{z-1}{-3}$ (4) $y=2,\ \frac{x-1}{2}=\frac{z-3}{5}$

09. (1) $x-y+z=1$ (2) $2x+3y-z=0$

(3) 세 점 (1, 1, 1), (2, 3, 4), (3, 2, 1)을 지나는 평면과 수직인 벡터는 (1, −2, 1)이므로 $(x-1)-2(y-1)+(z-1)=0$ 또는 $x-2y+z=0$이다.

10. (1) $T\begin{pmatrix}x_1\\x_2\end{pmatrix}=\begin{pmatrix}1&-1\\1&1\\2&3\end{pmatrix}\begin{pmatrix}x_1\\x_2\end{pmatrix}$ (2) $F\begin{pmatrix}x_1\\x_2\\x_3\end{pmatrix}=\begin{pmatrix}1&-1&0\\0&1&1\end{pmatrix}\begin{pmatrix}x_1\\x_2\\x_3\end{pmatrix}$

(3) $f(x,y)=\begin{pmatrix}1&1\\1&-1\end{pmatrix}\begin{pmatrix}x\\y\end{pmatrix}$ (4) $f(x,y,z)=\begin{pmatrix}1&1&0\\0&1&1\end{pmatrix}\begin{pmatrix}x\\y\\z\end{pmatrix}$

4장 연습문제 해답

01. (1) 0　(2) 0　(3) 0　(4) 1 또는 -1

02. (1) 연속　(2) 연속　(3) 불연속　(4) 불연속

03. (1) 가능　(2) 불가능　(3) 불가능　(4) 불가능

04. (1) 0　(2) $-\dfrac{1}{x^2}$　(3) e^x　(4) $\cos x$

05. (1) $3(x^3+3x^2-4)^2(3x^2+6x)$　(2) $\dfrac{1}{2\sqrt{x}}-\dfrac{1}{2x\sqrt{x}}$

(3) $2x\sqrt{x^2+1}+\dfrac{x^3}{\sqrt{x^2+1}}$　(4) $3x^2\cos(x^3)$

(5) $2xe^{x^2+1}$　(6) $-2\tan(\cos x)\sec^2(\cos x)\sin x$

06. 주어진 구간에서 최댓값, 최솟값, 극댓값, 극솟값 그리고 변곡점이 존재하면 모두 구하고 함수의 그래프를 그려라.

(1) 최댓값 1, 최솟값 7　(2) 최댓값 1, 최솟값 $\dfrac{1}{4}$

(3) 최댓값 9, 최솟값이자 극솟값 0

(4) $y=\sin x$, $y'=\cos x$, $y''=-\sin x$, 최댓값이자 극댓값 1, 최솟값 $-\dfrac{1}{\sqrt{2}}$, 변곡점 $(0,0)$

(5) $y=(2x+4)(2x+1)(2x-4)$, $y'=8(3x+4)(x-1)$, $y''=8(6x+1)$

최댓값 140, 극댓값 $\dfrac{400}{27}$, 최솟값 -100, 극솟값 -36, 변곡점 $\left(-\dfrac{1}{6}, -\dfrac{286}{27}\right)$

(6) $y=\sin x+\cos x=\sqrt{2}\sin\left(x+\dfrac{\pi}{4}\right)$, $y'=\sqrt{2}\cos\left(x+\dfrac{\pi}{4}\right)$,

$y''=-\sqrt{2}\sin\left(x+\dfrac{\pi}{4}\right)$

최댓값이자 극댓값 $\sqrt{2}$, 최솟값 -1, 변곡점 $\left(\dfrac{3\pi}{4}, 0\right)$

07. $f(x)=x^2-3$, $x_0=1$로 하면 $x_1=2$, $x_2=1.75$, $x_3=1.7321$

08. (1) 중근　(4) 중근이므로 수정된 방법에서 $m=2$를 사용

09. (1) $f_x=e^{2y}$, $f_y=2xe^{2y}$　(2) $f_x=2xy^3+3y$, $f_y=3x^2y^2+3x+2y$

(3) $z_x=\dfrac{-2y}{(x-y)^2}$, $z_y=\dfrac{2x}{(x-y)^2}$　(4) $z=2x+2xy$, $z_y=2y+x^2$

(5) $f_x = y^2z^3 + 3y,\ f_y = 2xyz^3 + 3x,\ f_z = 3xy^2z^2 + 2$

(6) $w_x = \dfrac{1}{x+2y+3z},\ w_y = \dfrac{2}{x+2y+3z},\ w_z = \dfrac{3}{x+2y+3z}$

10. (1) $f'(t) = -2t(3-2t^2)(2+3t^3) + 9t^2(1-t^2)(5-t^2+6t^3)$

(2) $f'(t) = (\cos t - 2\sin^2 t)e^{2\cos t},\ x = \sin t,\ y = \cos t$

(3) $f'(t) = \sin^2 t - \cos^2 t$

(4) $f'(t) = \dfrac{e^t + 4t + 3\cos t}{e^t + 2t^2 + 3\sin t}$

11. 다음 식에 관련된 x와 y를 대입하라.

(1) $f_s = (2xy + y^2) + (x^2 + 2xy),\ f_t = (2xy + y^2) - (x^2 + 2xy)$

(2) $f_s = e^{2y}\cos s + 2xe^{2y},\ f_t = -e^{2y}\sin t - 2xe^{2y}$

(3) $f_s = (2x-y)2s + (-x+2y),\ f_t = (2x-y) + (-x+2y)2t$

(4) $f_s = \dfrac{1}{x+2y+3z}e^{s-t} + \dfrac{2t}{x+2y+3z} + \dfrac{3}{x+2y+3z}e^{s+t}$

$f_t = \dfrac{-1}{x+2y+3z}e^{s-t} + \dfrac{2s}{x+2y+3z} + \dfrac{3}{x+2y+3z}e^{s+t}$

12. (1) $-\dfrac{2(1+xy^2)y^2 - y}{4xy(1+xy^2) - x}$ (2) $-\dfrac{\sin(x+y) + ye^x}{\sin(x+y) + e^x}$

(3) $\dfrac{3x^2 - 4y}{3y^2 + 4x}$ (4) $-\dfrac{2xy + y^2 - 3y}{x^2 + 2xy - 3x}$

13. (1) $\nabla f(x,y) = (e^y, xe^y),\ (1,2)$ (2) $D_u f(x,y) = \dfrac{1}{\sqrt{a^2+b^2}}(ae^y + bxe^y)$

(3) $\dfrac{3}{\sqrt{5}}$ (4) $(3,2),\ \sqrt{5}$

14. (1) $f_x = 2y - 2x = 0,\ f_y = 2x - 2y = 0$이므로 $x = y$

$f_{xx} = -2,\ f_{xy} = 0,\ f_{yy} = -2,\ D(0,0) = 4 > 0.$

따라서 $x = y$을 따라 극댓값을 갖는다.

(2) $f_x = 1 + 2xy + y^2 = 0,\ f_y = 1 + x^2 + 2xy = 0$이므로 $(x,y) = (1,-1),\ (-1,1)$

$f_{xx} = 2y,\ f_{xy} = 2x + 2y,\ f_{yy} = 2x,$

$D(x,y) = -4(x^2 + xy + y^2),\ D(1,-1) = D(-1,1) = -4 < 0.$

따라서 안장점은 $(1,-1,0), (-1,1,0)$

5장 연습문제 해답

01. (1) $\left(\frac{1}{2}\right)^3 = \frac{1}{8}$ (2) $\left(\frac{1}{2}\right)^3 = \frac{1}{8}$

(3) 홀수와 짝수가 나오는 경우로 $\frac{1}{4}$ (4) (3)의 여사건 $\frac{3}{4}$

02. (1) ${}_4P_2 = 12$ (배, 사과), (배, 밤), (배, 대추), (사과, 밤), (사과, 대추), (밤, 대추)
(사과, 배), (밤, 배), (대추, 배), (밤, 사과), (대추, 사과), (대추, 밤)

(2) ${}_4P_3 = 24$ (배, 사과, 밤), (사과, 밤, 배), (밤, 배, 사과), (배, 밤, 사과), (사과, 배, 밤), (밤, 사과, 배)

(사과, 밤, 대추) 위와 같은 개수

(밤, 대추, 배) 위와 같은 개수

(대추, 배, 사과) 위와 같은 개수

(4) ${}_4P_4 = 24$ (5) 12개

03. (1) $\frac{5!}{2!3!} = 10$ (배, 배, 사과, 사과, 사과), (사과, 배, 배, 사과, 사과), (사과, 사과, 배, 배, 사과), (사과, 사과, 사과, 배, 배), (배, 사과, 배, 사과, 사과), (사과, 배, 사과, 배, 사과), (사과, 사과, 배, 사과, 배), (배, 사과, 사과, 배, 사과), (사과, 배, 사과, 사과, 배), (배, 사과, 사과, 사과, 배)

(2) $\frac{12!}{2!3!5!2!} = 166320$

04. (1) 배, 사과, 밤, 대추 (2) 2의 (2) 참고, ${}_4C_3 = 4$

(3) ${}_4C_1 = 4$ (4) ${}_4C_4 = 1$

05. (1) $(x+y)^3 = {}_3C_0x^3 + {}_3C_1x^2y + {}_3C_2xy^2 + {}_3C_3y^3$

$= x^3 + 3x^2y + 3xy^2 + y^3$

(2) $(x-y)^4 = {}_4C_0x^4 - {}_4C_1x^3y + {}_4C_2x^2y^2 - {}_4C_3xy^3 + {}_4C_4y^4$

$= x^4 - 4x^3y + 6x^2y^2 - 4xy^3 + y^4$

(3) $(2x-3y)^3 = {}_3C_0(2x)^3 + {}_3C_1(2x)^2(-3y) + {}_3C_2(2x)(-3y)^2 + {}_3C_3(-3y)^3$

(4) $(3x+2y)^5 = \sum_{k=0}^{5} {}_5C_k(3x)^{5-k}(2y)^k$

06. ${}_8C_3(-2)^3 = -448$, ${}_8C_5(-2)^5 = -1792$

07. 과일 '배, 사과, 밤'이 있다.

(1) 배, 사과, 밤

(2) {배, 배}, {사과, 사과}, {밤, 밤}. {배, 사과}, {사과, 밤}, {배, 밤}

(3) {배, 배, 배}, {배, 배, 사과}, {배, 배, 밤}, {배, 사과, 사과}, {배, 밤, 밤}, {배, 사과, 밤}, {사과, 사과, 사과}, {사과, 사과, 밤}, {사과, 밤, 밤}, {밤, 밤, 밤}

(4) ${}_3H_2 = {}_4C_2 = 6$, ${}_3H_3 = {}_5C_3 = 10$

08. 주사위를 두 번 던질 때, 첫 번째 나온 수가 짝수인 조건 아래에서 나오는 경우는 {(2,1), (2,2), (2,3), (2,4), (2,5), (2,6), (4,1), (4,2), (4,3), (4,4), (4,5), (4,6), (6,1), (6,2), (6,3), (6,4), (6,5), (6,6)}으로 모두 18건이다. 이중 두 수의 합이 5가 되는 경우는 {(2,3), (4,1)}이므로 확률은 $\frac{1}{9}$이다.

즉 B를 짝수가 나오는 사건, A를 두 수의 합이 5가 되는 사건이라고 하면 $p(B)=\frac{1}{2}$, $p(A\cap B)=\frac{1}{18}$이고 $p(A|B)=\frac{p(A\cap B)}{p(B)}=\frac{1}{9}$이 된다.

09. (1) $\frac{2}{5}$ (2) $\frac{11}{20}$ (3) $\frac{2}{5}$ (3) $\frac{3}{5}$

10. 첫 번째 강아지가 나올 사건을 A, 두 번째 토끼가 나올 사건을 B, 세 번째 고양이가 나올 사건을 C라 하자. 그러면 구하고자 하는 확률은 $p(A\cap B\cap C)$이다.

처음에 강아지가 나올 확률은 $p(A)=\frac{5}{10}=\frac{1}{2}$, 그 다음에 토끼가 나올 확률은 $p(B|A)=\frac{2}{9}$ 그리고 마지막으로 고양이가 나올 확률은 $p(C|A\cap B)=\frac{3}{8}$이다. 그러므로 $p(A\cap B\cap C)=p(A)p(B|A)p(C|A\cap B)=\frac{1}{24}$

11. A는 담배를 많이 피우는 사람, B는 적게 피는 사람, C는 전혀 피우지 않는 사람을 택할 사건이라 하고 D는 이 기간 안에 사망했을 사건이라고 하자. 그러면

$p(A)=0.2,\ p(B)=0.3,\ p(C)=0.5,\ p(D|B)=2p(D|C),$

$p(D|B)=0.5p(D|A)$

이다. 베이즈 정리에 의해

$$p(A|D)=\frac{p(A)p(D|A)}{p(A)p(D|A)+p(B)p(D|B)+p(C)p(D|C)}=0.42$$

으로 42%이다.

12. (1) $p(X=4)=1-(p(X<4)+p(X>4))=0.1$

(2) $p(X<5)=p(X\le 4)=1-p(X>4)=0.7$

(3) $p(X>3)=p(X\ge 4)=1-p(X<4)=0.4$

13. 기댓값은 $1000 \times \frac{1}{10000} + 100 \times \frac{10}{10000} + 10 \times \frac{100}{10000} = \frac{3000}{10000} = 0.3$으로 3000원이다. 따라서 한 장씩 살 때마다 7천원씩 손해라 볼 수 있다.

14. 합의 평균은 7

합	2	3	4	5	6	7	8	9	10	11	12
확률	1/36	2/36	3/36	4/36	5/36	6/36	5/36	4/36	3/36	2/36	2/36

위와 같은 확률분포를 구한 후 곱의 평균을 구하면 $\frac{49}{4}$

6장 연습문제 해답

01. $\sum_{k=1}^{7} x_k^2 = 3.13,\ \sum_{k=1}^{7} x_k = 4.1,\ \sum_{k=1}^{7} x_k y_k = 6.73,\ \sum_{k=1}^{7} y_k = 10.1,\ y = 2.04 - 0.52x$

02.
$$\begin{cases} na + \left(\sum_{k=1}^{n} x_k\right) b + \left(\sum_{k=1}^{n} y_k\right) c = \sum_{k=1}^{n} z_k \\ \left(\sum_{k=1}^{n} x_k\right) a + \left(\sum_{k=1}^{n} x_k^2\right) b + \left(\sum_{k=1}^{n} x_k y_k\right) c = \sum_{k=1}^{n} x_k z_k \\ \left(\sum_{k=1}^{n} y_k\right) a + \left(\sum_{k=1}^{n} x_k y_k\right) b + \left(\sum_{k=1}^{n} y_k^2\right) c = \sum_{k=1}^{n} y_k z_k \end{cases}$$

03.
```
function c = lsm_poly(x, y, m)
n=length(x); G=ones(n, m+1);
for i=1:n
  for j=1:m
    G(i, j+1)=x(i)^j;
  end
end
c=Gauss(G'*G, G'*y'); # y가 행벡터로 입력되어 열벡터로 바꿈
endfunction
```

04.
```
>> x=[1.0, 1.5, 1.7, 2.5, 3.0, 3.0, 3.5];
>> y=[1.5, 0.4, 2.3, 2.1, 3.0, 5.5, 7.8];
>> a=lsm_poly(x, y, 3);
>> x_bar=linspace(0, 4);
>> y_bar=a(1)+a(2).*x_bar +a(3).*x_bar.^2 +a(4).*x_bar.^3;
>> plot(x, y, '.')
>> hold on
>> plot(x_bar, y_bar)
```

05. $b^T Ax = (b^T Ax)^T = x^T A^T b$이므로

$$F(x) = \|Ax - b\|_2^2 = (b - Ax)^T (b - Ax) = (b^T - x^T A^T)(b - Ax)$$
$$= b^T b - b^T Ax - x^T A^T b + x^T A^T Ax$$
$$= b^T b - 2x^T A^T b + x^T A^T Ax$$

따라서 $\nabla F(x) = -2A^T b + 2A^T Ax,\ \nabla^2 F(x) = 2A^T A$

06. $\phi'(t) = -\nabla F(x_0 - t\nabla F(x_0))^T \nabla F(x_0)$

07. $\nabla F(x) = -2A^T b + 2A^T Ax$이므로

$\nabla F(x_0 - t\nabla F(x_0)) = -2A^T b + 2A^T A(x_0 - t\nabla F(x_0))$

따라서 $\nabla F(x_0) = -2A^T b + 2A^T Ax_0$이므로

$$
\begin{aligned}
0 &= (-2A^T b + 2A^T A(x_0 - t\nabla F(x_0)))^T \nabla F(x_0) \\
&= (\nabla F(x_0) - 2tA^T A\nabla F(x_0))^T \nabla F(x_0) \\
&= (\nabla F(x_0)^T - 2t\nabla F(x_0)^T A^T A)\nabla F(x_0)
\end{aligned}
$$

이다. $H = \nabla^2 F(x) = 2A^T A$이므로

$$t = \frac{\nabla F(x_0)^T \nabla F(x_0)}{\nabla F(x_0)^T H \nabla F(x_0)}$$

참고 문헌

수학

이규봉, 2019: **요점만 배우는 선형대수학**. 경문사.

이규봉, 2018: **Matlab 으로 실습하는 수치해석학**. 경문사.

이상구 외, 2019: **인공지능을 위한 기초수학**. 빅북.

이재원 외, 2016: **공학인증을 위한 확률과 통계**. 카오스북.

이준열 외, 2016: **이산수학**. 경문사.

임장환, 2018: **최적화 이론**. 장환수학.

이시카와 아키히코, 2019: **인공지능을 위한 수학**. 프리렉.

James Stewart, 2012: *Calculus*. Brooks/Cole.

인공지능

오일석, 2019: **기계학습**. 한빛아카데미.

프랑소와 숄레, 2019: **케라스 창시자에게 배우는 딥러닝**. 길벗.

Michael Negnevitsky, 2017: **인공지능 개론**. 한빛아카데미.

인문학

닉 폴슨, 2020: **수학의 쓸모**. 더퀘스트.

오카모토 유이치로, 2019: **인공지능의 마지막 공부**. 유노북스.

이정전, 2019: **초연결사회와 보통사람의 시대**. 여문책.

캐시 오닐, 2017: **대량 살상 수학 무기**. 흐름출판.

헤나 프라이, 2019: **안녕, 인간**. 더퀘스트.

찾아보기

* 이 저서는 2020학년도 배재대학교 교내학술연구비 지원에 의하여 수행된 것임
* 본 교재는 과학기술정보통신부 및 정보통신기획평가원에서 지원하는
『소프트웨어중심대학』 사업의 결과물입니다.

옥타브로 배우는

인공지능을 위한 기초수학

지은이 이규봉
펴낸이 조경희
펴낸곳 경문사
펴낸날 2020년 10월 30일 1판 1쇄
등 록 1979년 11월 9일 제1979-000023호
주 소 04057, 서울특별시 마포구 와우산로 174
전 화 (02)332-2004 팩스 (02)336-5193
이메일 kyungmoon@kyungmoon.com

값 18,000원

ISBN 979-11-6073-408-9